电梯故障1000例

主　编　李磊磊

副主编　夏盛霖　刘晨阳　姚　勇　刘　战

吉林科学技术出版社

图书在版编目（CIP）数据

电梯故障 1000 例 / 李磊磊主编. -- 长春 : 吉林科学技术出版社, 2023.7

ISBN 978-7-5744-0727-5

Ⅰ. ①电… Ⅱ. ①李… Ⅲ. ①电梯－故障诊断－案例 Ⅳ. ①TU857

中国国家版本馆 CIP 数据核字(2023)第 152034 号

电梯故障 1000 例

主　　编　李磊磊
出 版 人　宛　霞
责任编辑　赵海娇
封面设计　江　江
制　　版　北京星月纬图文化传播有限责任公司
幅面尺寸　185mm×260mm
开　　本　16
字　　数　195 千字
印　　张　11
印　　数　1–1500 册
版　　次　2023年7月第1版
印　　次　2024年2月第1次印刷

出　　版　吉林科学技术出版社
发　　行　吉林科学技术出版社
地　　址　长春市福祉大路5788号
邮　　编　130118
发行部电话/传真　0431-81629529 81629530 81629531
81629532 81629533 81629534
储运部电话　0431-86059116
编辑部电话　0431-81629518
印　　刷　三河市嵩川印刷有限公司

书　　号　ISBN 978-7-5744-0727-5
定　　价　66.00元

前　言

近年来我国电梯行业飞速发展，政府也对电梯行业越来越重视，每年电梯的增长量、制造量、保有量均稳居全球第一。电梯问世百年来，给人们的日常生活带来了无尽的便利与享受，以至于成为人们生活中不可缺少的一部分。电梯由最早的简陋不安全、不舒适的升降机发展到今天，经历了无数的改进提高，其技术发展是永无止境的。

为了保证电梯使用时安全、可靠，必须对电梯管理者和电梯安装维修维护保养人员进行专业的培训和考核，让他们持证上岗，并能对电梯的日常使用维护进行规范的操作和检查。目前，教学设备的改善、多媒体教学的普及给“一体化教学”提供了条件。我们结合目前的形势，根据电梯行业最新安全技术规范、标准的要求，参考国家质量标准，并结合职业技能鉴定和技能竞赛培训以及“电梯工程技术”专业教学需要编写了本书。

本书为工具类指导书，从电梯的四大部分入手，加上相关工具的介绍，将本书分为五大模块，详细介绍各个部分的相关故障。

本书具有以下特点：

（1）基于“理论与实践一体化”的教学理念，语言通俗、图文并茂、易于理解、便于实操，同时配套立体化教学资源，力求读者学得会、记得住、用得上、能实战。

（2）注重贯彻行业最新安全技术规范和标准要求，将电梯行业安全理念和安全作业规范程序贯穿教材始终，旨在推动学习者安全习惯的养成。

由于时间仓促，电梯故障专业性强、覆盖面广、发展快，加之作者水平有限，书中难免存在不足，恳请广大读者提出宝贵的意见和建议，以便修订时补充更正。

目 录

索　　引

续表

续表

续表

模块 1　安全检测与分析知识库

项目 1-1　安全防护用具

工具名称	图示	简介
安全绳	图 1-1	用于连接安全带的辅助用绳，功能是二重保护，确保安全
安全帽	图 1-2	对人头部受坠落物及其他特定因素引起的伤害起防护作用的帽子，由帽壳、帽衬、下颏带及附件等组成

续表

工具名称	图示	简介
绝缘手套	图 1-3	用橡胶制成的五指手套，主要用于电工作业，具有保护手或人体的作用，可防电、防水、耐酸碱、防化、防油
安全防护鞋	图 1-4	使用绝缘材料制作的一种安全鞋。耐实验电压 15kV 以下的电绝缘皮鞋和布面电绝缘鞋，应用在工频（50～60F）1000V 以下的作业环境中；15kV 以上的试验电城市的电绝缘胶鞋，适用于工频 1000V 以上作业环境中

项目 1-2　常用工具

知识库 1-2-1　万用表

简介	图示
万用表又称复用表、多用表、三用表、繁用表等，是电工电子等岗位不可缺少的测量仪表。以测量电压、电流和电阻为主要目的万用表是一种多功能、多量程的测量仪表。一般万用表可测量直流电流、直流电压、交流电流、交流电压、电阻和音频电平等，有的还可以交流电流、电容量、电感量及半导体的一些参数。万用表按显示方式，分为指针（模拟）万用表和数字万用表	图 1-5

续表

使用注意事项
（1）在使用万用表的过程中，不能用手接触表笔的金属部分。这样，一方面可以保证测量的准确，另一方面可以保证人身安全。 （2）在测量某一电量时，不能在测量的同时换挡，尤其是在测量高电压或大电流时，更应注意。否则，会使万用表毁坏。如需换挡，应先断开表笔，换挡后再去测量。 （3）测量时，需注意量程大小。 （4）各电量的测试方法需正确，如并联测试或串联测试以及断电测试。 （5）万用表使用完毕，应将转换开关置于交流电压的最大值；如果长期不使用，还应将万用表内部的电池取出来，以免电池腐蚀表内其他器件

知识库 1-2-2　钳形电流表

简介	图示
钳形电流表由电流互感器和电流表组合而成。电流互感器的铁芯在捏紧扳手时可以张开；被测交流电流所通过的导线不必切断就可穿过铁芯张开的钳口，放开扳手后铁芯闭合	图 1-6
使用注意事项	
（1）进行交流电流测量时，被测载流体的位置应放在钳口中央，以免产生误差。 （2）测量前应估计被测电流的大小，选择合适的量程。当不知道电流大小时，应先选择最大量程，再根据指针适当减小量程，但不能在测量时转换量程。 （3）为使读数准确，应保持钳口干净无损；如有污垢，应先用汽油擦洗干净，再进行测量。 （4）在测量 5A 以下的电流时，为了测量准确，可采用绕圈测量。 （5）钳形电流表不能测量裸导线电流，以防触电和短路。测量完成后一定要将量程分挡，并将旋钮放到最大量程位置上	

知识库 1-2-3 绝缘电阻测试仪（兆欧表）

<table>
<tr><th>简介</th><th>图示</th></tr>
<tr><td>绝缘电阻测试仪主要测量电气设备相线与机壳之间的电阻，测量的方式是依照欧姆定律的原理，在相线与机壳之间加一个电压，然后分别测量电压和电流值，再依照欧姆定律计算出电阻值。通常是施加一个较大的恒定电压（直流 500V 或 1000V），并维持一段规定的时间，作为测试的标准条件。假如在规定的时间内，电阻保持在规定的规格内，则可以确定：设备在正常条件的状态下运行，电气设备较为安全。
绝缘电阻可以衡量电气设备的绝缘程度，绝缘电阻值越高，表示产品的绝缘性能越好，绝缘电阻测试测量到的绝缘电阻值为两个测试点之间及其周边连接在一起的各项关联网络所形成的等效电阻值</td><td>
图 1-7</td></tr>
<tr><th colspan="2">使用注意事项</th></tr>
<tr><td colspan="2">（1）测量前必须将被测设备电源切断，并对地短路放电。决不能让设备带电进行测量，以保证人身和设备的安全。对可能感应出高压电的设备，必须在消除这种可能性后，才能进行测量。
（2）被测物表面要清洁，以减少接触电阻，确保测量结果的正确性。
（3）测量前应将兆欧表进行一次开路和短路试验，检查兆欧表是否良好。即在兆欧表未接上被测物之前，摇动手柄使发电机达到额定转速（120r/min），观察指针是否指在标尺的“∞”位置。将接线柱“线（L）”和“地（E）”短接，缓慢摇动手柄，观察指针是否指在标尺的“0”位。如指针不能指到该指的位置，表明兆欧表有故障，应检修后再用。
（4）兆欧表使用时应放在平稳、牢固的地方，且远离大的外电流导体和外磁场。
（5）必须正确接线。兆欧表上一般有三个接线柱，其中 L 接在被测物和大地绝缘的导体部分，E 接在被测物的外壳或大地，G 接在被测物的屏蔽上或不需要测量的部分。测量绝缘电阻时，一般只用“L”和“E”端，但当测量电</td></tr>
</table>

续表

使用注意事项
缆对地的绝缘电阻或被测设备的漏电较严重时，就要使用“G”端，并将“G”端接屏蔽层或外壳。线路接好后，可按顺时针方向转动摇把，摇动的速度应由慢而快，当转速达到120r/min左右时（ZC-25型），保持匀速转动，1min后读数，并且要一边摇一边读数，不能停下来读数。 （6）摇测时将兆欧表置于水平位置，摇把转动时其端钮间不许短路。摇动手柄应由慢渐快，若发现指针指零，说明被测绝缘物可能发生了短路。这时不能继续摇动手柄，以防表内线圈发热损坏。 （7）读数完毕，将被测设备放电。放电方法是将测量时使用的地线从兆欧表上取下来，与被测设备短接一下（不是兆欧表放电）

知识库1-2-4　拉力计

简介	图示
拉力计是小型简便的推力、拉力测试仪器，具有精度高、易操作及携带方便的优点，而且有一个峰值切换操作旋钮，可做荷重峰值指示及连续荷重值指示。 拉力计适用于电子电器、轻工纺织、建筑五金、打火机及点火装置、消防器材、制笔、制锁、渔具、动力机械、科研机构等行业推拉负荷测试，是代替管形推拉力计的新一代产品	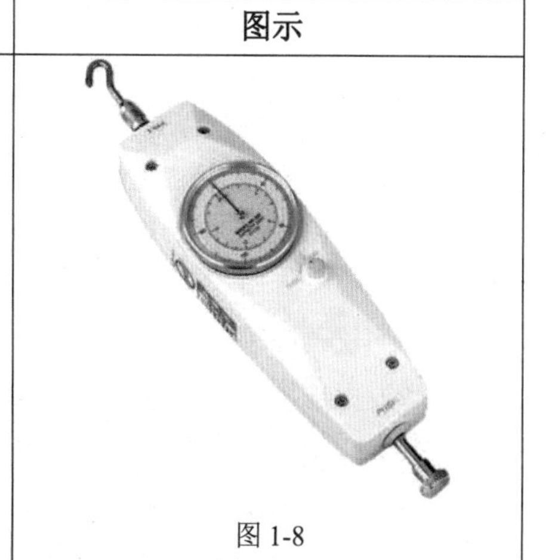 图1-8
使用注意事项	
（1）使用拉力计之前，首先检测电池电压是否正常，如果欠电压应及时充电，否则测量会出现偏差。 （2）应估计测量大小，并选择合适量程的数显拉力计，如果测量超出量程，会造成拉力计传感器损坏。 （3）当测量值低于拉力计量程的3%以下时，精度会发生偏差。 （4）长期不使用时，应定期给拉力计充电。 （5）夏季天气潮湿时，应注意拉力计保存环境，避免拉力计锈蚀。 （6）拉力计使用过后要将表面擦拭干净，不要在拉力计上面摆放物品等	

知识库 1-2-5　耐压测试仪

<table>
<tr><th>简介</th><th>图示</th></tr>
<tr><td>根据其作用，可称为电气绝缘强度试验仪、介质强度测试仪等。
其工作原理是：把一个高于正常工作的电压加在被测设备的绝缘体上，持续一段规定的时间。如果加在上面的电压只会产生很小的漏电流，则绝缘性较好。
程控电源模块、信号采集调理模块和计算机控制系统三个模块组成测试系统。
选择耐压测试仪的两个指标：最大输出电压值和最大报警电流值</td><td>
图 1-9</td></tr>
<tr><th colspan="2">使用注意事项</th></tr>
<tr><td colspan="2">（1）操作者脚下垫绝缘橡胶垫，戴绝缘手套，以防高压电击造成生命危险。
（2）仪器必须可靠接地。
（3）在连接被测体时，必须保证高压输出“0”及在“复位”状态。
（4）测试时，仪器接地端与被测体要可靠相接，严禁开路。
（5）切勿将输出地线与交流电源线短路，以免外壳带有高压，造成危险。
（6）尽可能避免高压输出端与地线短路，以防发生意外。
（7）测试灯、超漏灯一旦损坏，必须立即更换，以防造成误判。
（8）排除故障时，必须切断电源。
（9）仪器空载调整高压时，漏电流指示表头有起始电流均属正常，不影响测试精度。
（10）仪器应避免阳光正面直射，不要在高温、潮湿、多尘的环境中使用或存放</td></tr>
</table>

知识库 1-2-6 试电笔

简介	图示
试电笔的笔尖、笔尾由金属材料制成，笔杆由绝缘材料制成，用来测试电线中是否带电。 试电笔中有一个氖泡，测试时如果氖泡发光，则说明导线有电或为通路的相线	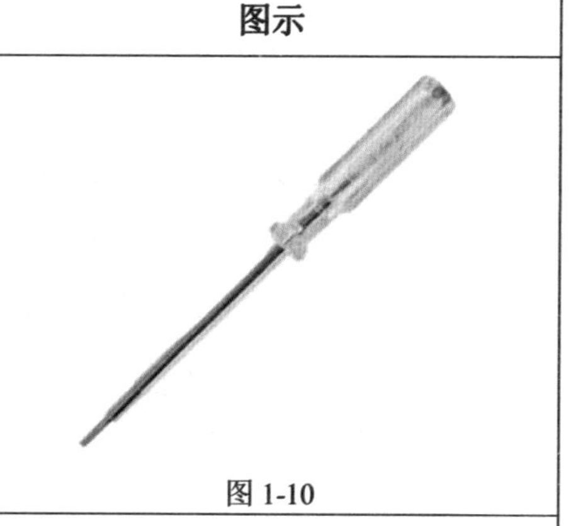 图 1-10

使用注意事项
（1）使用试电笔之前，首先要检查试电笔中有无安全电阻，再直观检查试电笔是否有损坏，有无受潮或进水，检查合格后才能使用。 （2）使用试电笔时，不能用手触及试电笔前端的金属探头，否则会造成人身触电事故。 （3）使用试电笔时，一定要用手触及试电笔尾端的金属部分，否则因带电体、试电笔、人体和大地没有形成回路，试电笔中的氖泡不会发光，会造成误判，认为带电体不带电，这是十分危险的。 （4）在测量电气设备是否带电之前，先要找一个已知电源测试一下试电笔的氖泡能否正常发光，只有正常发光，才能使用。 （5）在明亮的光线下测试带电体时，应特别注意氖泡是否真的发光（或不发光），必要时可用另一只手遮挡光线仔细判别。千万不要造成误判，将氖泡发光判断为不发光，而将有电判断为无电

知识库 1-2-7 电工钳子

简介	图示
钢丝钳：别称老虎钳、平口钳、综合钳，由钳头和钳柄组成，钳头包括钳口、齿口、刀口和铡口，可以把坚硬的细钢丝夹断	图 1-11

续表

<table>
<tr><th colspan="2">使用注意事项</th></tr>
<tr><td colspan="2">（1）钢丝钳的绝缘护套耐压一般为 500V，使用时应检查手柄的绝缘性能是否良好。绝缘如果损坏，进行带电作业时会发生触电事故。
（2）带电操作时，手离金属部分的距离应不小于 2cm，以确保人身安全。
（3）剪切带电导线时，严禁用刀口同时剪切相线和中性线，或同时剪切两根相线，以免发生短路事故。
（4）钳轴要经常加油，以防生锈</td></tr>
<tr><th>简介</th><th>图示</th></tr>
<tr><td>偏口钳：主要用于剪切导线、元器件多余的引线，还常用来代替一般剪刀剪切绝缘套管、尼龙扎线卡等</td><td>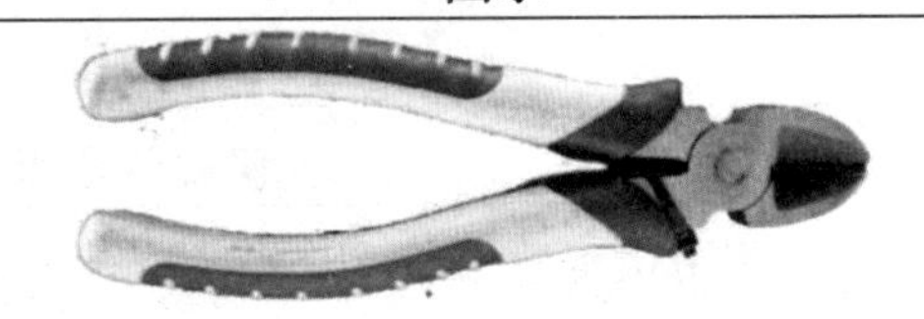
图 1-12</td></tr>
<tr><th colspan="2">使用注意事项</th></tr>
<tr><td colspan="2">（1）绝缘手柄损坏时，不可用来剪切带电电线。
（2）为保证安全，手离金属部分的距离应不小于 2cm。
（3）钳头比较尖细，且经过热处理，所以钳夹物体不可过大，用力时不要过猛，以防损坏钳头。
（4）注意防潮，钳轴要经常加油，以防生锈</td></tr>
<tr><th>简介</th><th>图示</th></tr>
<tr><td>剥线钳：用来供电工剥除电线头部的表面绝缘层，由刀口、压线口和钳柄组成。剥线钳的钳柄上套有额定工作电压 500V 的绝缘套管。剥线钳可以使电线被切断的绝缘皮与电线分开，还可以防止触电</td><td>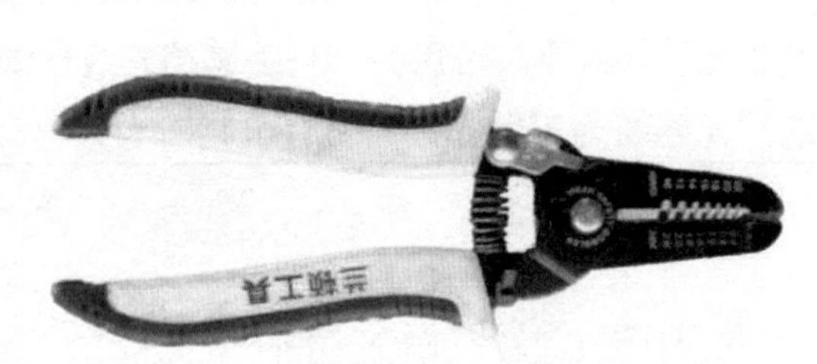
图 1-13</td></tr>
<tr><th colspan="2">使用注意事项</th></tr>
<tr><td colspan="2">（1）选择的切口直径必须大于线芯直径，即电线必须放在大于其线芯直径的切口上切剥，不能用小切口剥大直径导线，以免切伤芯线。
（2）剥线钳不能当钢丝钳使用，以免损坏切口。
（3）带电操作时，首先要检查柄部绝缘是否良好，以防触电</td></tr>
</table>

知识库 1-2-8　扳手

简介	图示
扳手包括活络扳手和固定扳手，是用于旋动螺杆螺母的一种专用工具。 扳手种类繁多，其中活络扳手的钳口可在规格所定范围内任意调整大小，使用灵活方便	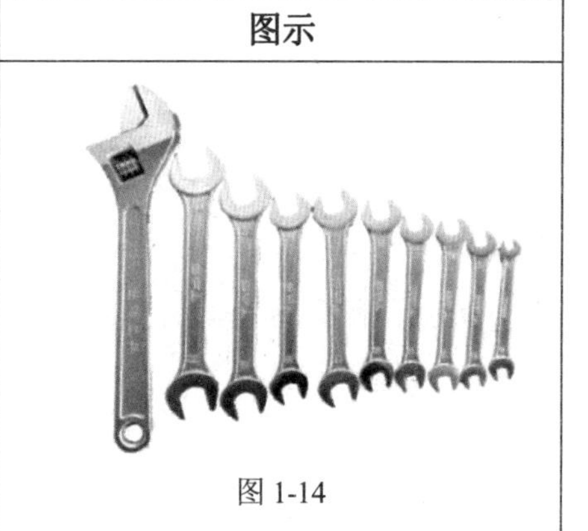 图 1-14

使用注意事项
（1）旋动螺杆、螺母时，必须把工件的两侧平面夹牢，以免损坏螺杆或螺母的棱角。不能反方向用力，否则容易扳裂活络扳唇。 （2）不准用钢管套在手柄上作加力杆使用。 （3）不准作撬棍撬重物或当手锤敲打

知识库 1-2-9　螺钉旋具

简介	图示
螺钉旋具，又名螺丝刀、改锥或起子，是拆卸和紧固螺钉的工具。 螺钉旋具按不同的头形，可以分为一字、十字、米字、星形（电脑）、方头、六角头、Y 形头部等	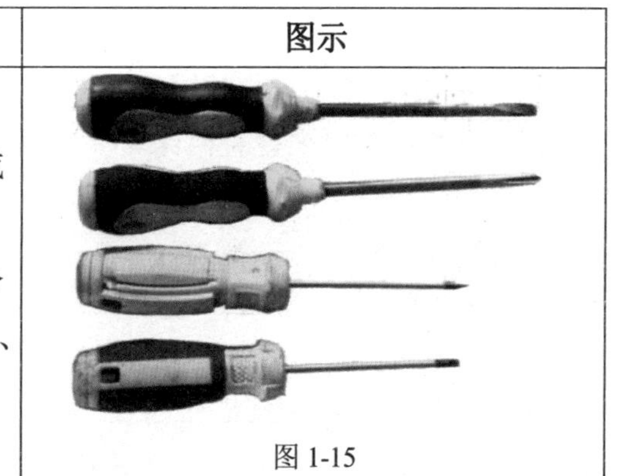 图 1-15

使用注意事项
（1）使用时，手不能触及螺钉旋具的金属杆，更不能使用金属杆直通手柄顶端的螺钉旋具在电气设备上操作。为避免螺钉旋具的金属杆触及皮肤及邻近的带电体，应在金属杆上穿套绝缘管。 （2）使用螺钉旋具扭动螺钉时，应按螺钉规格选用适合的刀口。以小代大或以大代小，均会损坏螺钉或电气元件

知识库 1-2-10　尺子

简介	图示
卷尺：日常生活中常用的工量具，由外壳、尺条、制动、尺钩、提带、尺簧、防摔保护套和贴标八个部件构成	图 1-16
水平尺：利用液面水平的原理，以水准泡直接显示角位移，测量被测表面相对水平位置、铅垂位置、倾斜位置偏离程度的计量器具	图 1-17
厚薄规：由薄钢片制成，并由若干片不同厚度的规片（尺）组成一组。主要用来检查两结合面之间的缝隙，所以也称塞尺或缝尺。每片尺片上都标注有其厚度	图 1-18

项目1-3　低压元件

知识库1-3-1　接触器

<table>
<tr><th>简介</th><th>图示</th></tr>
<tr><td>接触器主要用于控制电动机、电热设备、电焊机、电容器组等，能频繁接通或断开交直流主回路，实现远距离自动控制。
结构包括主触头、常闭辅助触头、常开辅助触头、动电磁铁、静电磁铁、灭弧罩、弹簧</td><td>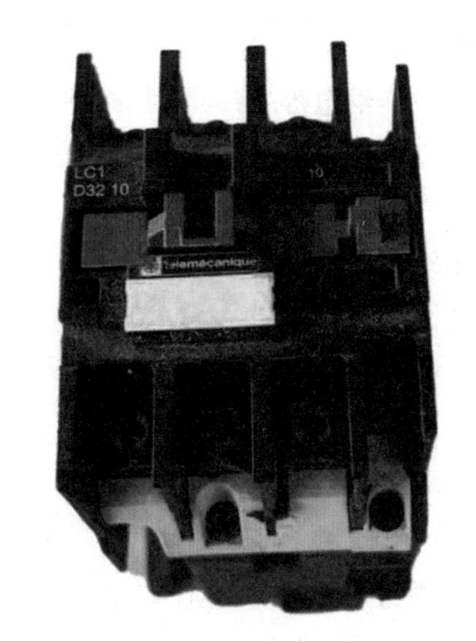

图1-19</td></tr>
<tr><th colspan="2">使用注意事项</th></tr>
<tr><td colspan="2">（1）交流接触器线圈在其额定电压的85%～105%时，能可靠工作。
（2）电压过高，则磁路趋于饱和，线圈电流将显著增大，线圈有被烧坏的危险；电压过低，则吸不牢衔铁，触头跳动不但影响电路正常工作，而且线圈电流会达到额定电流的十几倍，使线圈过热而烧坏。因此，电压过高或过低都会造成线圈发热而烧毁。
（3）主触点用于接通或断开主电路，允许通过较大的电流；辅助触点用于接通或断开控制电路，只能通过较小的电流</td></tr>
</table>

知识库 1-3-2 继电器

<table>
<tr><th>简介</th><th>图示</th></tr>
<tr><td>

电磁式继电器：广泛应用于低压控制系统，常用的电磁式继电器有电流继电器、电压继电器、中间继电器以及各种小型通用继电器等。

安全继电器：带强制性导向接点系统的继电器，是满足高安全要求系统的前提条件，安全系统必须能够预测并避免一些误操作。

中间继电器：在控制电路中起逻辑变换和状态记忆的功能，也可以用来扩展接点的容量和数量。另外，在控制电路中调节各继电器、开关之间的动作时，还可以防止电路误动作。

热继电器：利用电流通过发热元件所产生的热效应，使双金属片受热弯曲而推动机构动作的继电器。热继电器有人工复位和自动复位两种状态，自动复位时间一般在30s左右。一般而言，当实际电流达到或超过1.2倍“设定电流”时，热继电器便要动作，动作范围详见热继电器的产品说明。一般电流越大，热继电器动作时间越短

</td><td>

图 1-20

</td></tr>
<tr><th colspan="2">使用注意事项</th></tr>
<tr><td colspan="2">

（1）继电器在使用过程中，为了保证使用性能，应避免将其摔落或使其受到强力的冲击。

（2）继电器在使用时，需要注意周边环境，应用于常温常湿、有害气体较少的环境中

</td></tr>
</table>

知识库 1-3-3　主令电器

<table>
<tr><th>简介</th><th>图示</th></tr>
<tr><td>按钮：一种短时接通或断开小电流电路的手动电器，由按钮帽、复位弹簧、桥式动触头、静触头和外壳组成。常用于控制电路中发出启动或停止等指令，以控制接触器、继电器等电器线圈电流的接通或断开，并由它们去接通断开主电路</td><td>
图 1-21</td></tr>
<tr><td>位置开关：又称行程开关或限位开关，可将机械信号转换为电信号，以实现对机械运动的控制。
根据运动部件的位置而切换的电器，能实现运动部件极限位置的保护。它的作用原理与按钮类似，通过机械运动部件的碰压使其触头动作，从而将机械信号转变为电信号。
位置开关主要由触头系统、操作机构和外壳组成。其按结构，可分为直动式、滚轮式和微动式三种。位置开关动作后，复位方式有自动复位和非自动复位两种</td><td>

图 1-22</td></tr>
</table>

知识库 1-3-4　其他电器

简介	图示
空气断路器： 空气断路器，又称自动空气开关或低压断路器，相当于刀开关、熔断器、热继电器、过电流继电器和欠电压继电器的组合，是一种既有手动开关作用，又能自动进行欠电压、失电压、过载和短路保护的电器	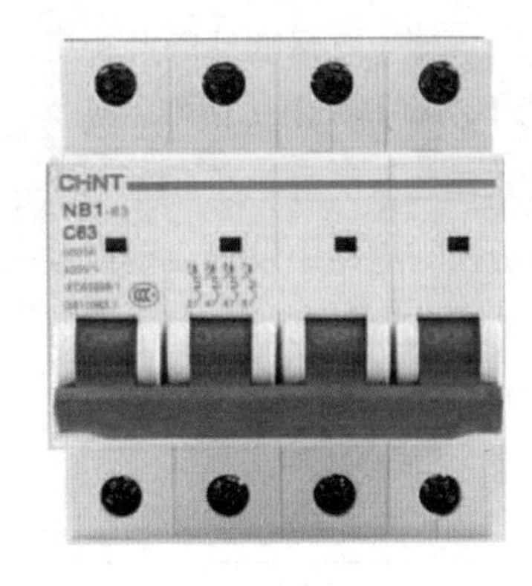 图 1-23
熔断器： 是指当电流超过规定值足够长的时间，通过熔断一个或几个成比例的特殊设计的熔体分断此电流，由此断开其所接入的电路的装置	 图 1-24
变压器： 由一个闭合磁路和绕在铁芯上的原线圈和副线圈组成。为了得到多种不同的变换电压，副线圈可由几个线圈组成	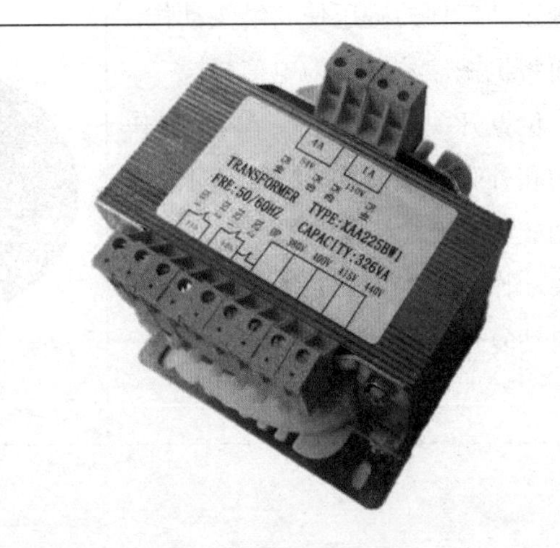 图 1-25

续表

简介	图示
相序继电器：由运放器组成的一个相序比较器，比较相序电压幅值、频率高低和相位。 相序继电器在功能上、结构上都可看作一个长期工作在堵转状态的异步三相电动机，可广泛用于三相电应用场合，配上指示灯可作为相序指示器，与接触器结合可完成自动换相功能	 图 1-26
指示灯：上行、下行的信号	 图 1-27

模块 2　机房故障

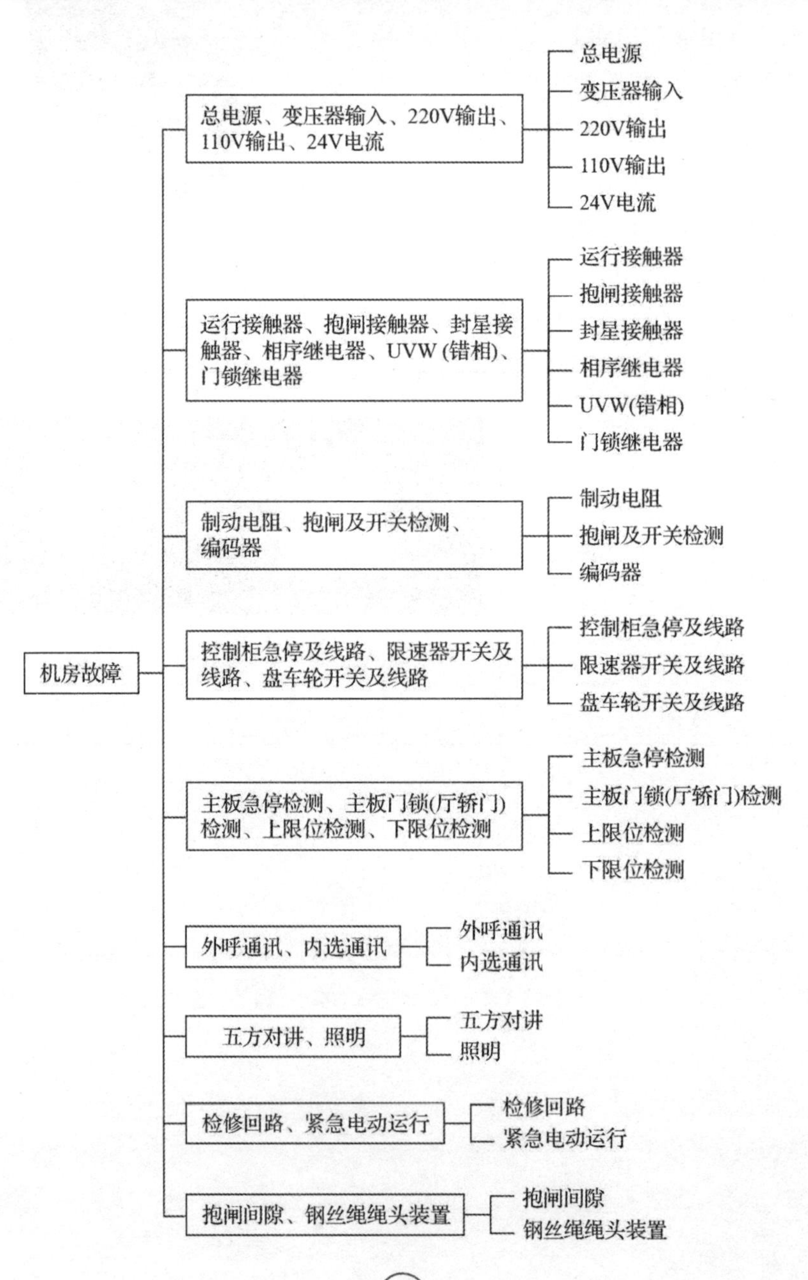

机房故障
总电源、变压器输入、220V输出、110V输出、24V电流
总电源
变压器输入
220V输出
110V输出
24V电流
运行接触器、抱闸接触器、封星接触器、相序继电器、UVW (错相)、门锁继电器
运行接触器
抱闸接触器
封星接触器
相序继电器
UVW(错相)
门锁继电器
制动电阻、抱闸及开关检测、编码器
制动电阻
抱闸及开关检测
编码器
控制柜急停及线路、限速器开关及线路、盘车轮开关及线路
控制柜急停及线路
限速器开关及线路
盘车轮开关及线路
主板急停检测、主板门锁(厅轿门)检测、上限位检测、下限位检测
主板急停检测
主板门锁(厅轿门)检测
上限位检测
下限位检测
外呼通讯、内选通讯
外呼通讯
内选通讯
五方对讲、照明
五方对讲
照明
检修回路、紧急电动运行
检修回路
紧急电动运行
抱闸间隙、钢丝绳绳头装置
抱闸间隙
钢丝绳绳头装置

情景引入

吴某考虑顶楼视野开阔、通风采光效果好，离地面远，比较安静，并且楼道干净整洁，于是购入心仪小区的高层顶层。

一开始，吴某一家人住得十分舒心。但在居住了几年后，吴某及其家人都发觉电梯运行时机房内部运行声响明显比之前大了不少，夜深人静有业主晚归时更为突出，这严重影响到吴某一家的日常生活。吴某就此向物业进行了反映，希望物业能够找人赶紧找出问题所在，恢复他们一家原有的安静生活。

请同学们分析一下，此次案例中电梯故障出自哪个部分，哪一零件出现什么问题才会导致电梯机房内部运行声响变大。

项目 2-1　总电源、变压器输入、220V 输出、110V 输出、24V 电流故障分析及解决方法

项目概述：本项目包括 5 个任务，主要涉及电梯机房电源的相关问题。其目标是：使学员掌握电梯总电源、变压器输入、220V 输入、110 输出和 24V 电流出现故障时的分析思路及解决方法。通过对上述故障的排查分析，提高学员解决电梯机房故障中电源问题的能力，同时培养学员求真务实、严肃认真的科学态度和工作作风，以及安全用电意识和环保节能意识。

任务 2-1-1　总电源故障分析及解决方法

任务描述：总电源（图 2-1）为电梯提供稳定的电压和电流，保证电梯安全正常运行。一般电梯采用三相五线制，总电源箱在电梯正常运行时不能上锁。故障现象、主要原因及排除方法见表 2-1-1。具体检测步骤、注意事项及要求见表 2-1-2。

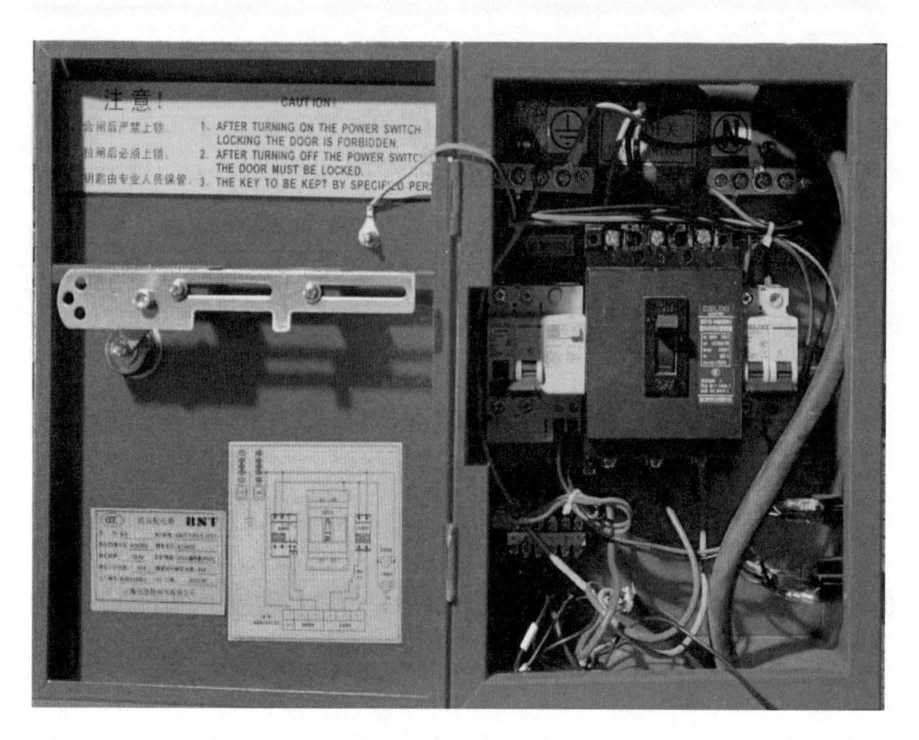

图 2-1　电梯总电源箱

表 2-1-1　故障现象、主要原因及排除方法

故障现象	主要原因	排除方法
全梯无电，控制柜、外呼无显示	（1）外网断电	用万用表 1-电压法检测
	（2）动力电源 380V 缺相	用万用表 1-通断法检测
	（3）主控开关损坏	
	（4）总电源线路损坏	

表 2-1-2　具体检测步骤、注意事项及要求

总电源检测	注意事项及要求
 图 2-2　检测外网供电是否正常	佩戴绝缘手套，选用万用表电压挡测量总电源开关输入端，检测外网供电是否正常
 图 2-3　检测电压是否正常	佩戴绝缘手套，接通电源，将万用表调至交流电压挡位进行测量，检测电压是否正常

任务 2-1-2　变压器输入故障分析及解决方法

任务描述：变压器为电梯提供稳定的电压，并将 380V 交流电转化为适配电压。故障现象、主要原因及排除方法见表 2-1-3。具体检测步骤、注意事项及要求见表 2-1-4。

表 2-1-3　故障现象、主要原因及排除方法

故障现象	主要原因	排除方法
控制柜、外呼无显示	（1）外网断电、动力电源 380V 缺相	用万用表 1-电压法检测
	（2）主控开关损坏、总电源线路损坏	用万用表 1-通断法检测
	（3）变压器输入端熔丝损坏	
	（4）变压器线圈损坏	

表 2-1-4　具体检测步骤、注意事项及要求

变压器输入检测	注意事项及要求
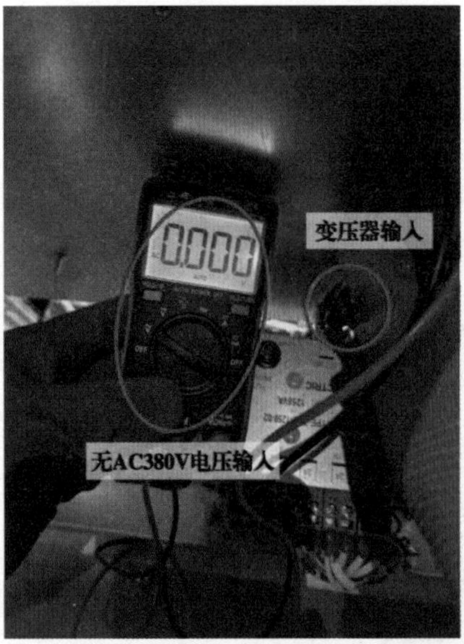 图 2-4　检测变压器是否有电压输入	佩戴绝缘手套，切断电源，将万用表调至电压挡位进行测量，检测变压器是否有电压输入

续表

变压器输入检测	注意事项及要求
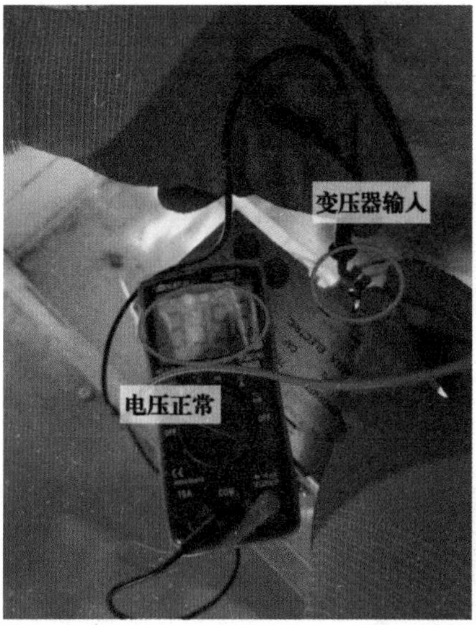 图 2-5　检测电压是否正常	佩戴绝缘手套，接通电源，将万用表调至交流电压挡位进行测量，检测电压是否正常

任务 2-1-3　220V 输出故障分析及解决方法

任务描述：一般 220V 电压为电梯控制柜开关电源、光幕、门电机等提供稳定电源。故障现象、主要原因及排除方法见表 2-1-5。具体检测步骤、注意事项及要求见表 2-1-6。

表 2-1-5　故障现象、主要原因及排除方法

故障现象	主要原因	排除方法
控制柜主板无电、光幕电源无电	（1）变压器输入端熔丝损坏	用万用表1-通断法、电压法检测
	（2）变压器输入线圈、220V 输出线圈损坏	
	（3）220V 输出熔丝损坏	
	（4）输入、输出线路故障	

表 2-1-6　具体检测步骤、注意事项及要求

<table>
<tr><th>220V 输出检测</th><th>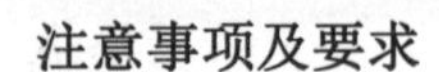注意事项及要求</th></tr>
<tr><td>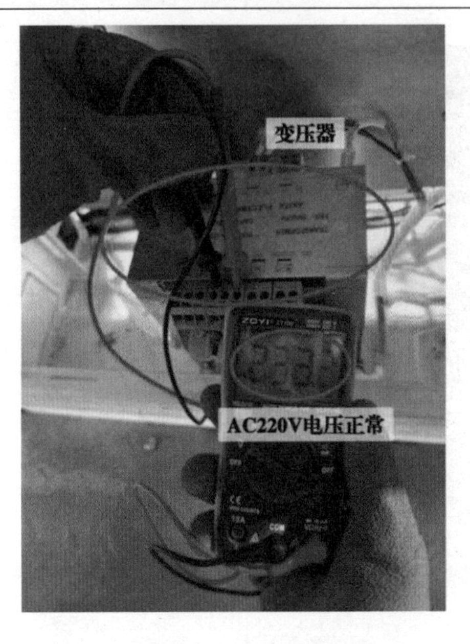

图 2-6　检测变压器有无电压输出 1</td><td rowspan="2">佩戴绝缘手套，调至万用表交流电压挡位，检测变压器有无电压输出</td></tr>
<tr><td>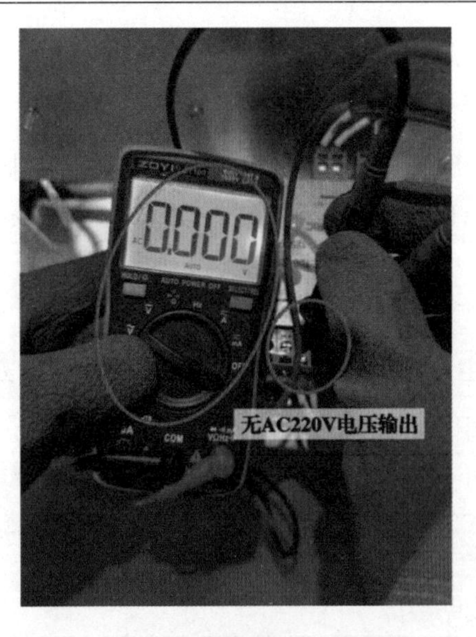

图 2-7　检测变压器有无电压输出 2</td></tr>
</table>

任务 2-1-4　110V 输出故障分析及解决方法

任务描述：110V 电压为电梯安全回路、门锁回路提供稳定电压。故障现象、主要原因及排除方法见表 2-1-7。具体检测步骤、注意事项及要求见表 2-1-8。

表 2-1-7　故障现象、主要原因及排除方法

故障现象	主要原因	排除方法
安全回路、门锁回路无电	（1）变压器输入端熔丝损坏	用万用表 1-通断法、电压法检测
	（2）变压器输入线圈、110V 输出线圈损坏	
	（3）110V 输出熔丝损坏	
	（4）输入、输出线路故障	

表 2-1-8　具体检测步骤、注意事项及要求

110V 输出检测	注意事项及要求
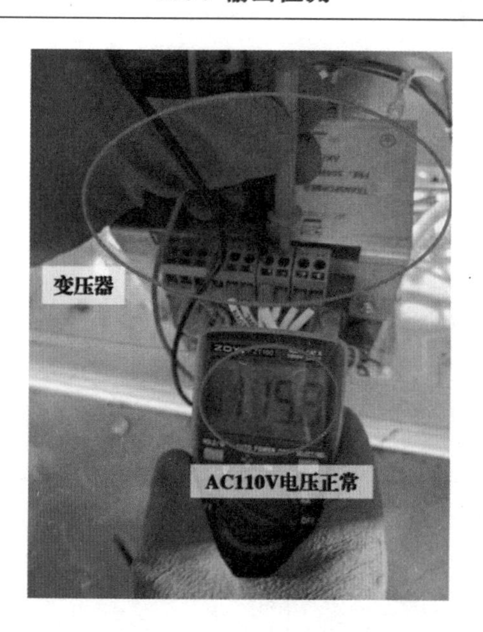 图 2-8　检测变压器有无电压输出 1	佩戴绝缘手套，调至万用表交流电压挡位，检测变压器有无电压输出

续表

110V 输出检测	注意事项及要求
 图 2-9 检测变压器有无电压输出 2	佩戴绝缘手套，调至万用表交流电压挡位，检测变压器有无电压输出

任务 2-1-5 24V 直流电源故障分析及解决方法

任务描述：24V 电流电源为电梯主板信号灯、通信、低压开关等供电。故障现象、主要原因及排除方法见表 2-1-9。具体检测步骤、注意事项及要求见表 2-1-10。

表 2-1-9 故障现象、主要原因及排除方法

故障现象	主要原因	排除方法
外呼、内选无显示	（1）变压器输入线圈、220V 输出线圈损坏	用万用表 1-通断法、电压法检测
	（2）220V 输出熔丝损坏	
	（3）开关电源损坏	
	（4）输入、输出线路故障	

表 2-1-10　具体检测步骤、注意事项及要求

<table>
<tr><th>24V 直流电源检测</th><th>注意事项及要求</th></tr>
<tr><td>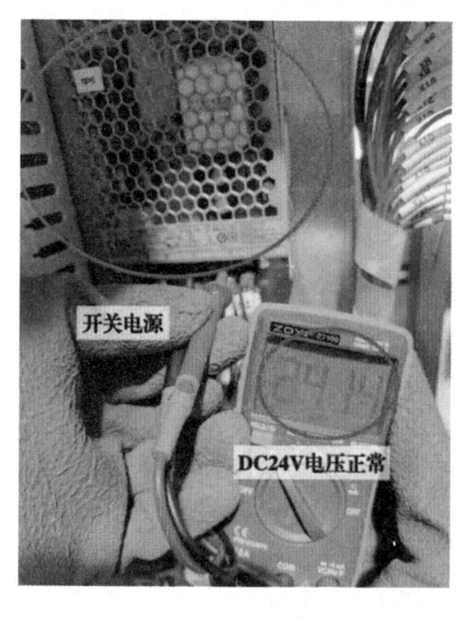

图 2-10　检测开关电源有无 DC 24V 电压输出 1</td><td rowspan="2">佩戴绝缘手套，接通电源，万用表调至直流电压挡位，检测开关电源有无 DC 24V 电压输出</td></tr>
<tr><td>

图 2-11　检测开关电源有无 DC 24V 电压输出 2</td></tr>
</table>

项目 2-2　运行接触器、抱闸接触器、封星接触器、相序继电器、UVW（错相）、门锁继电器故障分析及解决方法

项目描述：本项目包括 6 个任务，主要涉及电梯机房部分接触器的相关问题。其目标是：使学员掌握运行接触器、抱闸接触器、封星接触器、相序继电器、UVW（错相）、门锁继电器故障分析及解决方法。通过对上述故障的排查分析，培养学员求真务实、严肃认真的科学态度和工作作风；在模拟操作中鼓励学员勤于动手、发表自己的见解，培养学员独立思考、乐于探索、主动学习的良好习惯。

任务 2-2-1　运行接触器故障分析及解决方法

任务描述：控制电梯运行的接触器，用来接通或切断电动机或其他负载主回路（图 2-12）。当电梯主板接收到运行指令时，主板继电器吸合，接通运行接触器线圈，运行接触器吸合，为曳引机供电。故障现象、主要原因及排除方法见表 2-2-1。具体检测步骤、注意事项及要求见表 2-2-2。

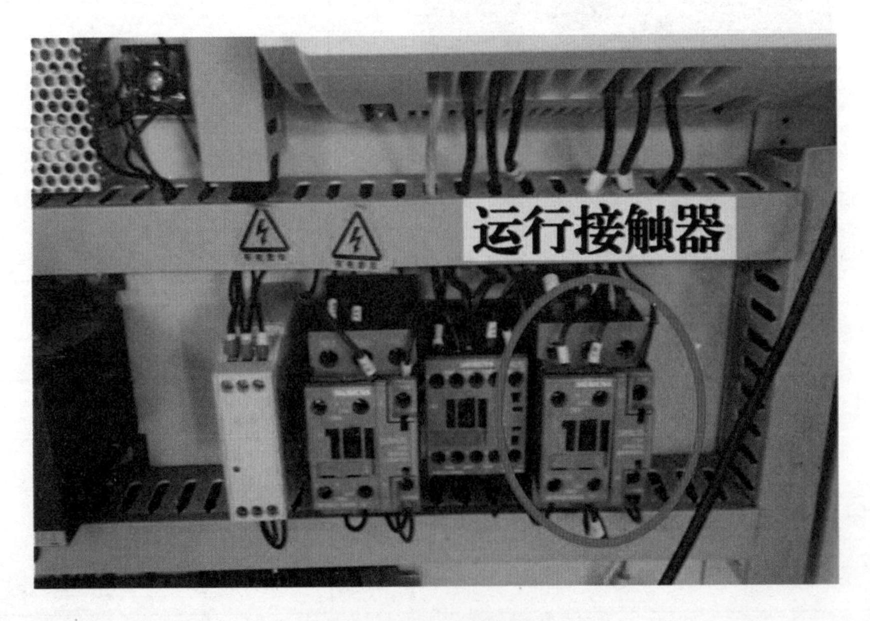

图 2-12　运行接触器

表 2-2-1　故障现象、主要原因及排除方法

故障现象	主要原因	排除方法
接触器不吸合、声音过大、触电过热或烧焦	（1）接触器受损，转轴歪斜，触头弹簧压力与超程过大	正确调整参数，稳定电压，调整电阻，定期清理接触器各部分，损坏部分及时更换
	（2）电压过大，动铁、静铁生锈或有异物	
	（3）触电接触不牢，电阻过大，触电过热烧伤	
	（4）接触器选型过小，参数不正确	
	（5）运行接触器衔铁损坏	
主板无反馈信号	（1）接触器触电损坏	用万用表1-通断法、电压法检测
	（2）接触器到主板连线损坏	
	（3）主板监控点损坏	

表 2-2-2　具体检测步骤、注意事项及要求

<table>
<tr><th>运行接触器检测</th><th>注意事项及要求</th></tr>
<tr><td>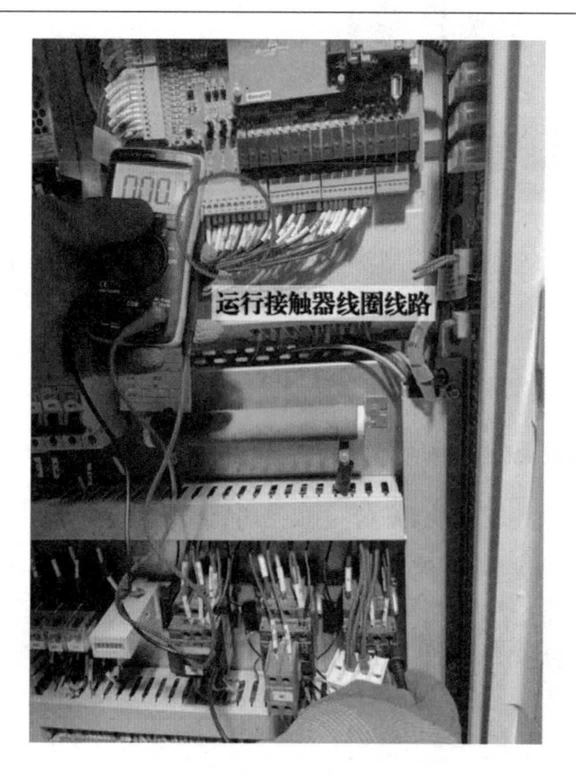

图 2-13　主板输出至运行接触器线圈</td><td>佩戴绝缘手套，切断电源，选用万用表蜂鸣挡，测量主板输出端与运行接触器线圈线路是否断开或虚接</td></tr>
</table>

续表

运行接触器检测	注意事项及要求 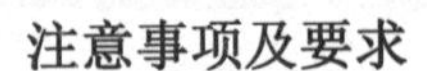
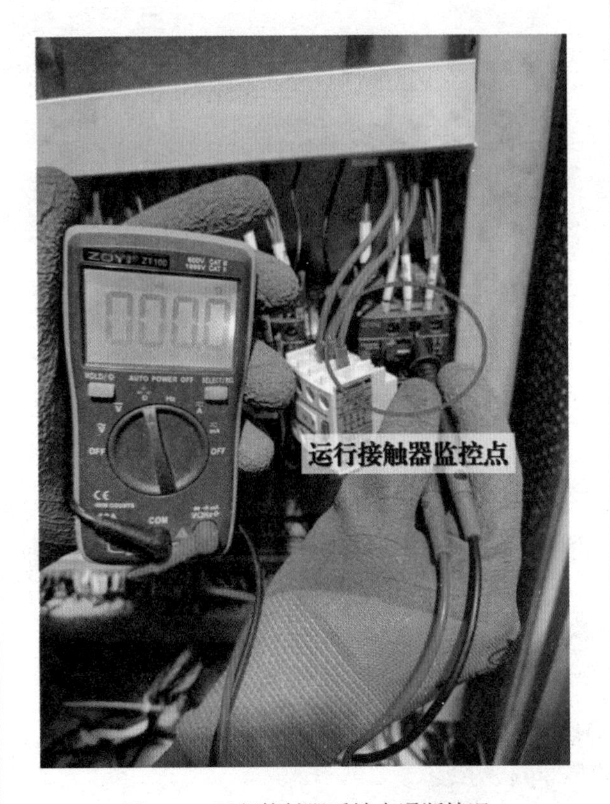 图 2-14 运行接触器反馈点通断情况	佩戴绝缘手套，切断电源，万用表调至蜂鸣挡，测量接触器 NC 或 NO 点位通断情况

任务 2-2-2 抱闸接触器故障分析及解决方法

任务描述：当电梯主板接收到运行指令时，主板继电器输出给抱闸接触器（图 2-15）线圈，使抱闸接触器吸合，从而连通制动器，曳引轮可以正常旋转。故障现象、主要原因及排除方法见表 2-2-3。具体检测步骤、注意事项及要求见表 2-2-4。

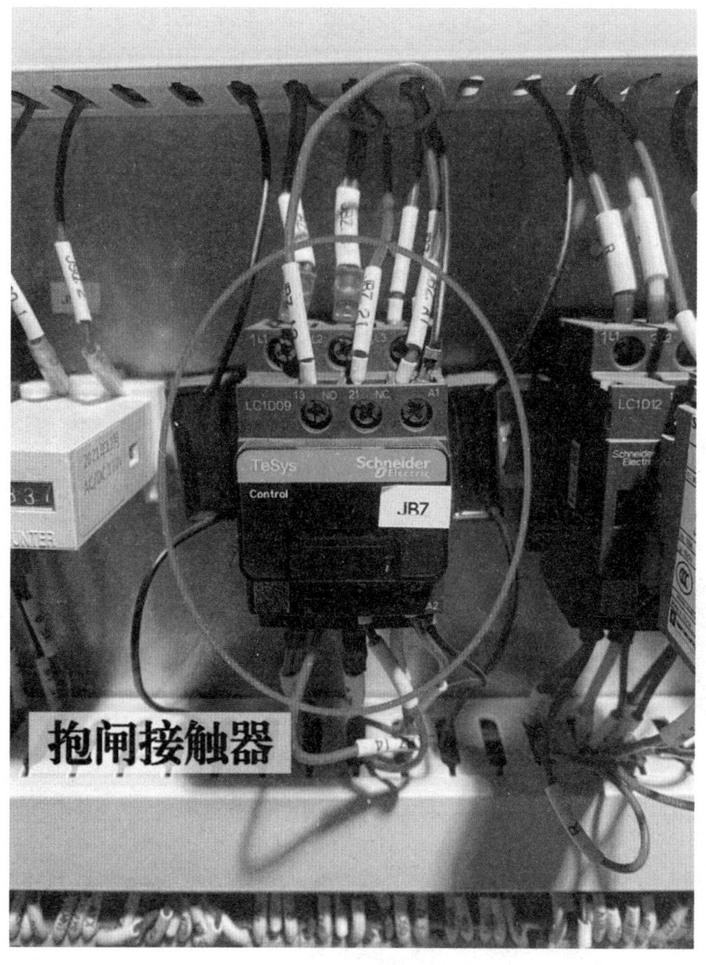

图2-15　抱闸接触器

表2-2-3　故障现象、主要原因及排除方法

故障现象	主要原因	排除方法
电梯内无快车、慢车；控制电路接线松动或脱落；电梯轿厢到达平层时不停止	（1）控制电路熔丝熔断	换上适应控制线路电压的线圈；调整弹簧压力或更换弹簧；清理触头或更换相应部分配件
	（2）连接限位开关触点接线，更换限位开关触点，更换限位开关	
	（3）电感器接线不良，上下平层传感器损坏、接触器不复位	
	（4）各种保护开关动作未恢复	
主板无反馈信号	（1）接触器触电损坏	用万用表1-通断法、电压法检测
	（2）接触器到主板连线损坏	
	（3）主板监控点损坏	

表 2-2-4　具体检测步骤、注意事项及要求

抱闸接触器检测	注意事项及要求
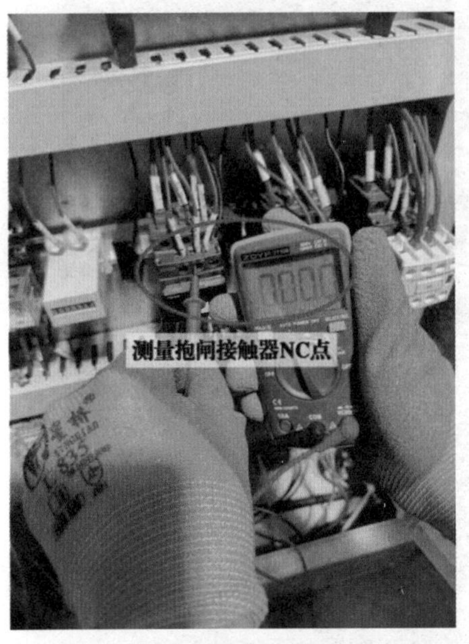图 2-16　抱闸接触器反馈点通断情况	佩戴绝缘手套，切断电源，万用表调至蜂鸣挡，检测接触器 NC 或 NO 点位通断情况
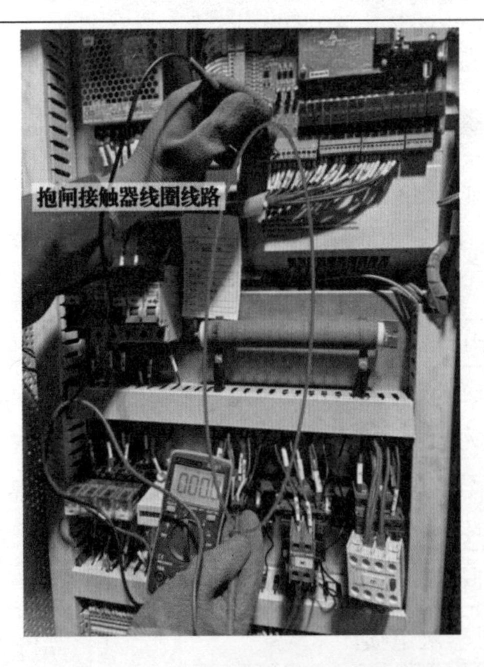图 2-17　主板输出至抱闸线圈线路	佩戴绝缘手套，切断电源，选用万用表蜂鸣挡，检测主板输出端与抱闸接触器线圈线路是否断开或虚接

任务 2-2-3　封星接触器故障分析及解决方法

任务描述：封星接触器（图 2-18）是永磁同步曳引机专用的一种接触器，其将接触器主触点一端的三个接线端子用导线连在一起，用于星角启动、自耦降压启动用。故障现象、主要原因及排除方法见表 2-2-5。具体检测步骤、注意事项及要求见表 2-2-6。

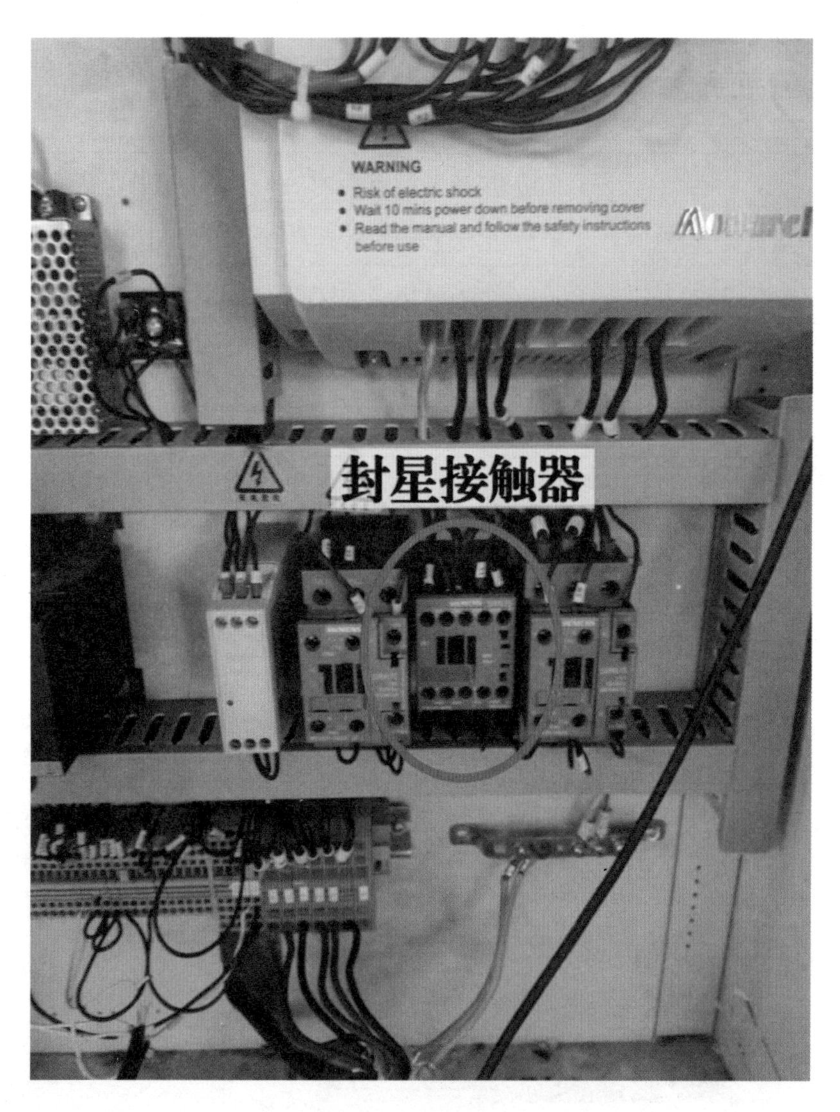

图 2-18　封星接触器

表 2-2-5　故障现象、主要原因及排除方法

故障现象	主要原因	排除方法
控制电源电压与线圈电压不符，线圈额定电压比线路电压高；触头弹簧压力或释放弹簧压力过大；按钮触头或辅助触头接触不良	（1）电源及输入电压不稳定，线圈电压与额定电压不匹配；线圈电阻过大	换上适应控制线路电压的线圈；调整弹簧压力或更换弹簧；清理触头或更换相应部分配件
	（2）接触器触头电压过大	
	（3）接触器相关按钮、触头、辅助触头等过老、过旧，磨损严重	
主板无反馈信号	（1）接触器触点损坏	用万用表 1-通断法、电压法检测
	（2）接触器到主板连线损坏	
	（3）主板监控点损坏	

表 2-2-6　具体检测步骤、注意事项及要求

封星接触器检测	注意事项及要求
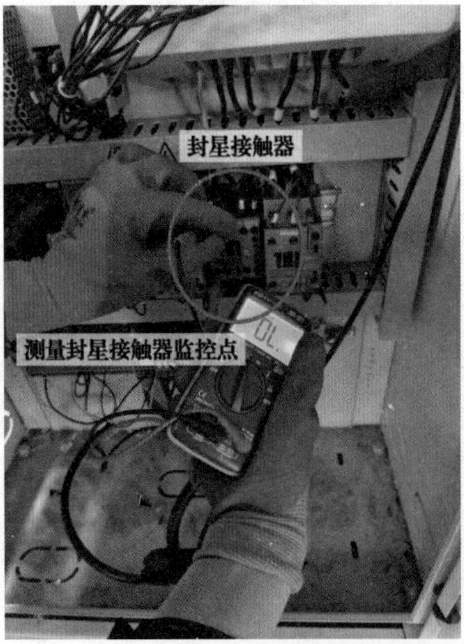 图 2-19　封星接触器反馈点通断情况	佩戴绝缘手套，切断电源，万用表调至蜂鸣挡，检测接触器 NC 与 NO 点位通断情况

续表

封星接触器检测	注意事项及要求
图 2-20　主板输出至封星接触器线圈	佩戴绝缘手套，切断电源，选用万用表蜂鸣挡，测量主板输出端与封星接触器线圈线路是否断开或虚接

任务 2-2-4　相序继电器故障分析及解决方法

任务描述：相序继电器与电梯的运行直接相关，是保证当电源的相序出现错相或缺相时不让电梯运行的安全保护装置（图 2-21）。故障现象、主要原因及排除方法见表 2-2-7。具体检测步骤、注意事项及要求见表 2-2-8。

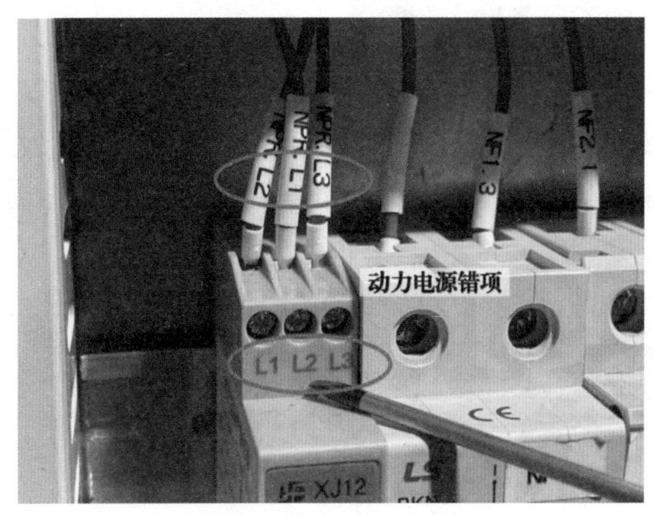

图 2-21　动力电源错相

表 2-2-7　故障现象、主要原因及排除方法

故障现象	主要原因	排除方法
电梯通电后未能正常工作，急停回路不通	（1）电源未能正确加入电梯两端	检查设备端子是否加入正确的工作电压；检查测量电压是否与设备额定参数匹配
	（2）电压测量不正确	
	（3）动力电源错相	

表 2-2-8　具体检测步骤、注意事项及要求

相序继电器检测	注意事项及要求 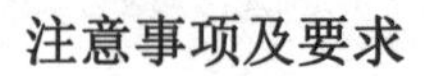
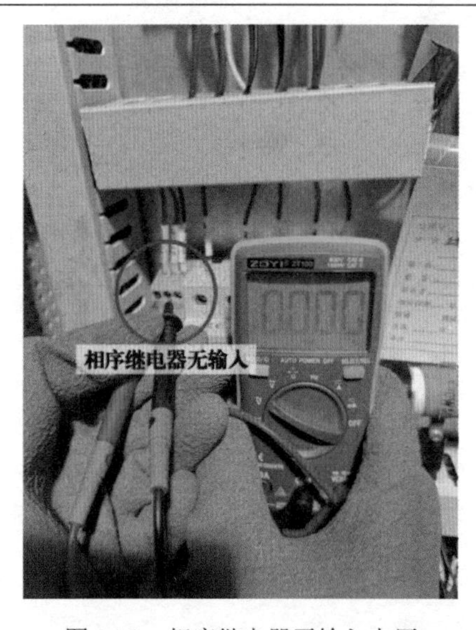 图 2-22　相序继电器无输入电压	佩戴绝缘手套，接通电源，万用表调至交流电压挡位，分别测量任意两根相线（两根相线之间的电压应为 AV 380V）是否存在缺相或断相情况

任务 2-2-5　UVW（错相）故障分析及解决方法

UVW 错相故障

任务描述：UVW 是为曳引机提供动力的线路，其通过运行接触器的吸合接通变频器与曳引机之间的线路，从而控制曳引机旋转（图 2-23 和图 2-24）。故障现象、主要原因及排除方法见表 2-2-9。

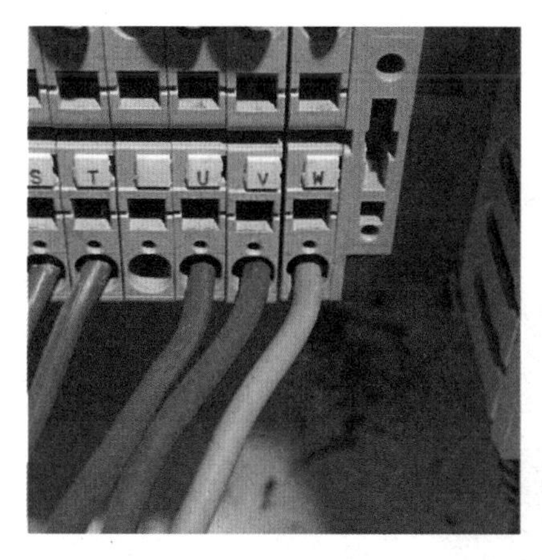

图2-23　线序错误1

图2-24　线序错误2

表2-2-9　故障现象、主要原因及排除方法

故障现象	主要原因	排除方法
电梯不运行或者飞车	（1）瞬时电流过大	先断开主电源的开关，任意调整UVW相，直到电梯正常运行
	（2）线序错误导致动力设备问题	
	（3）线序问题导致电梯设备不能正常运转	
	（4）主电源线损坏	

任务2-2-6　门锁继电器故障分析及解决方法

任务描述：门锁继电器一般设置在门锁回路的终点，当门锁回路没有断开且有电压输入时，门锁继电器吸合，将信号传输至主板。故障现象、主要原因及排除方法见表2-2-6。具体检测步骤、注意事项及要求见表2-2-10。

表2-2-6　故障现象、主要原因及排除方法

故障现象	主要原因	排除方法
门锁继电器不吸合，电梯不运行	（1）线圈损坏	用万用表1-通断法、电压法检测
	（2）110V无电	
	（3）电梯厅门门锁不通	
	（4）电梯轿门门锁不通	
主板无反馈信号	（1）接触器触点损坏	用万用表1-通断法、电压法检测
	（2）接触器到主板连线损坏	
	（3）主板监控点损坏	

表 2-2-10　具体检测步骤、注意事项及要求

门锁继电器检测	注意事项及要求
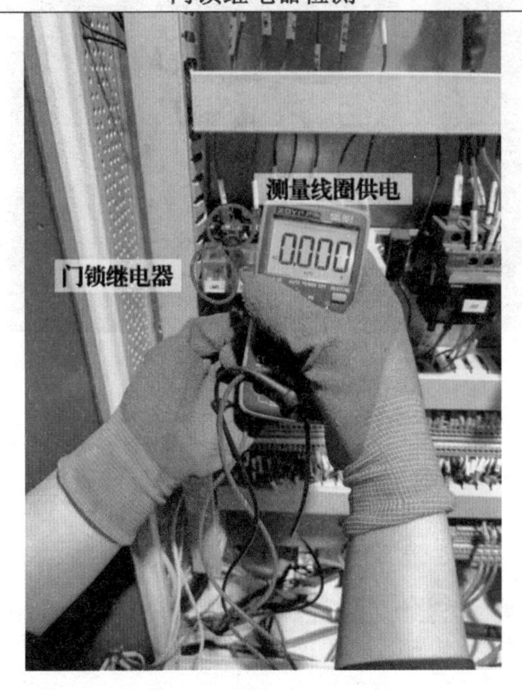 图 2-25　门锁继电器线圈	佩戴绝缘手套，万用表调至电压挡位，测量门锁继电器线圈有无供电电压
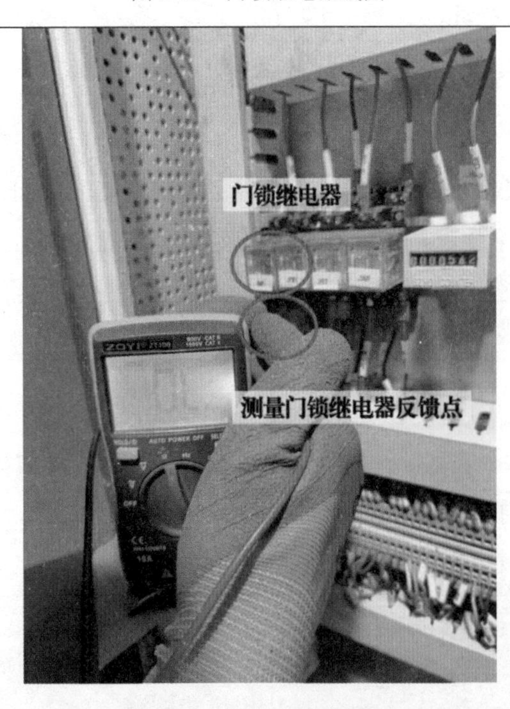 图 2-26　门锁继电器反馈点	佩戴绝缘手套，切断电源，万用表调至蜂鸣挡位，测量门锁继电器至主板监控点之间的线路是否存在虚接或断开

项目 2-3　制动电阻、抱闸反馈开关检测、编码器故障分析及解决方法

项目描述：本项目包括 3 个任务，主要涉及电梯机房部分电器元件的相关问题。其目标是：使学员掌握制动电阻、抱闸反馈开关检测、编码器出现故障时的分析思路及解决方法。在故障排查过程中，培养学员求真务实、严肃认真的科学态度和工作作风；在排除操作中，通过小组协作，培养学员的沟通能力和团结协作精神。

任务 2-3-1　制动电阻故障分析及解决方法

任务描述：电梯空载上行或重载下行时，曳引机的部分机械能转化为电能，制动电阻（图 2-27）通过散热的方式将多余的电能消耗，防止发生意外。故障现象、主要原因及排除方法见表 2-3-1。具体检测步骤、注意事项及要求见表 2-3-2。

图 2-27　制动电阻

表 2-3-1 故障现象、主要原因及排除方法

故障现象	主要原因	排除方法
主板显示过电流故障；散热不良导致温度过高，甚至造成火灾	（1）电梯使用年限较长，制动控制管老化损坏	外观检查电阻温升是否过高；使用电流表1-欧姆挡测量阻值；加强保养，及时更换易损件
	（2）现场散热不良	
	（3）制动电阻质量问题，如内部合金电阻丝被氧化，导致阻值变化	

表 2-3-2 具体检测步骤、注意事项及要求

制动电阻检测	注意事项及要求
图 2-28 测量制动电阻阻值	佩戴绝缘手套，切断电源，选用万用表欧姆挡位，测量制动电阻的阻值是否在正常范围内

任务 2-3-2 抱闸反馈开关故障分析及解决方法

任务描述： 抱闸开关是检测电梯运行中抱闸是否打开的开关，一般采用微动行程开关。当抱闸动作时，触发检测开关，开关之间将信号传输至主板，起到主板能实时监控抱闸状态的作用。故障现象、主要原因及排除方法见表 2-3-3。具体检测步骤、注意事项及要求见表 2-3-4。

表2-3-3　故障现象、主要原因及排除方法

故障现象	主要原因	排除方法
抱闸间隙过大，导致轿厢冲顶或蹲底；未及时将抱闸动作信号传输至主板；抱闸电源线路失电	（1）保养不到位，导致抱闸间隙过大	加强日常维护保养，用塞尺检测调整抱闸间隙，调整检测开关，调节螺栓位置，检查变压器状态
	（2）抱闸检测开关位置不对或损坏，无法将信号传输至主板	
	（3）变压器电压输出有问题	

表2-3-4　具体检测步骤、注意事项及要求

抱闸反馈开关检测	注意事项及要求
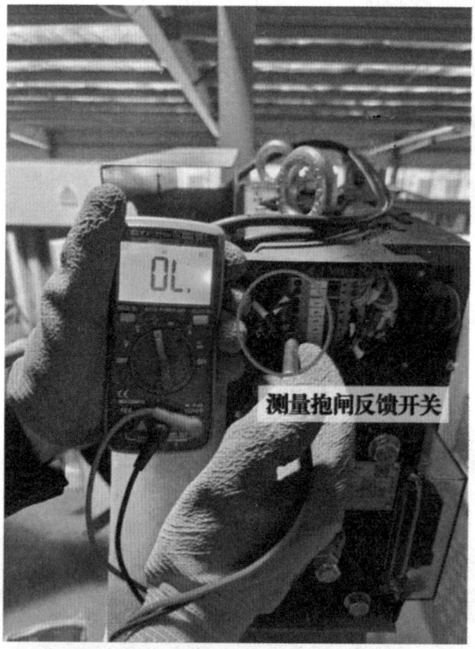 图2-29　测量开关接线端子处	佩戴绝缘手套，切断电源，选用万用表蜂鸣挡测量抱闸检测开关至主板监控点是否存在虚接或断开

续表

抱闸反馈开关检测	注意事项及要求
图 2-30　查看检测开关是否误动作	佩戴防护手套，确定抱闸间隙没问题，可以手动动作一下开关，观察主板有无信号，身体和手等部位与曳引轮等运动部件保持距离

任务 2-3-3　编码器故障分析及解决方法

任务描述：编码器（图 2-31 和图 2-32）是一种将旋转位移转换成一串数字脉冲信号的旋转式传感器，电梯上的编码器多用于监测电梯速度（图 2-33）。故障现象、主要原因及排除方法见表 2-3-5。

图 2-31　编码器 1

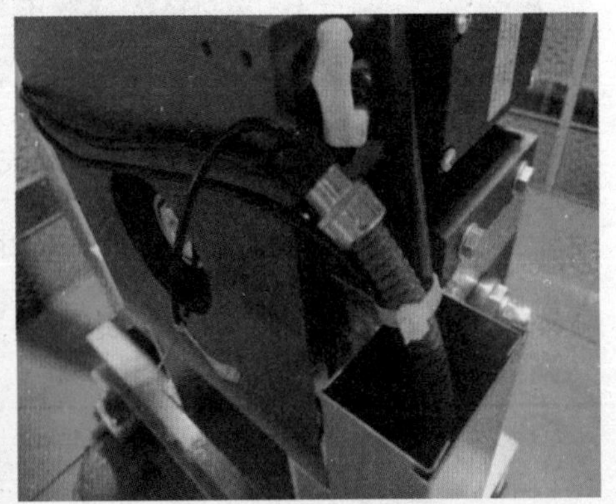

图 2-32　编码器 2

图2-33 编码器连接主板

表2-3-5 故障现象、主要原因及排除方法

故障现象	主要原因	排除方法
电梯平层不准确，电梯运行中突然停梯，后又可正常运行，电梯在联动试验后出现异常，选层启动后爬行	（1）光感孔被灰尘封堵	加强电梯保养，注意电梯清洁，注意线路维护，检测编码器线路有无磨损，并增加蛇皮管防止干扰，正确调整编码器脉冲参数
	（2）旋转编码器严重磨损，导致电梯信号中断	
	（3）旋转编码器与微机连接有虚接	
	（4）编码器被外界信号或强电压干扰	

项目2-4 控制柜急停及线路、限速器开关及线路、盘车轮开关及线路故障分析及解决方法

项目描述：本项目包括3个任务，主要涉及电梯安全回路的相关问题。其目标是：使学员掌握电梯控制柜急停及线路、限速器开关及线路、盘车轮开关及线路出现故障时的分析思路及解决方法。通过对上述故障的排查分析，提高学员解决电梯机房故障中安全回路开关故障的排查分析能力，同时培养学员求真务实、严肃认真的科学态度和工作作风，引导学员勤于总结、善于思考，培

养学员的创新意识。

任务 2-4-1　控制柜急停及线路故障分析及解决方法

任务描述：控制柜急停按钮（图 2-34）的作用是当电梯出现紧急情况时，工作人员可以在不打开控制柜的前提下直接断开电梯安全回路，使电梯不再继续运行。故障现象、主要原因及排除方法见表 2-4-1。具体检测步骤、注意事项及要求见表 2-4-2。

图 2-34　控制柜急停按钮

表 2-4-1　故障现象、主要原因及排除方法

故障现象	主要原因	排除方法
急停按钮不过电；急停按钮触点粘连，无法断开安全回路；急停按钮线路松动	（1）电梯急停相关线路损坏	检查变压器输出电压是否正确，通过分段测量确定急停按钮故障，检查开关本身及其故障点，并更换相关部分零件
	（2）控制柜急停按钮弹簧等部件出现问题	
	（3）变压器无输出电压	

表 2-4-2　具体检测步骤、注意事项及要求

控制柜急停检测	注意事项及要求
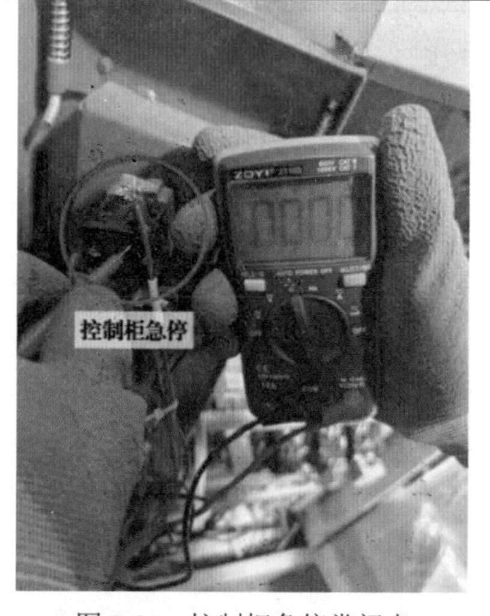 图 2-35　控制柜急停常闭点	佩戴绝缘手套，切断电源，万用表调至蜂鸣挡位，检测控制柜急停开关本身及线路

任务 2-4-2　限速器开关及线路故障分析及解决方法

任务描述：当出现电梯事故、钢丝绳断裂等情况时，限速器（图 2-36）就会因为轿厢运行速度的加快而动作，从而带动连接在轿厢上的联动装置，使电梯刹停在轨道上，切断电梯安全回路（图 2-37），防止电梯再次运行，避免电梯直接掉落井道。故障现象、主要原因及排除方法见表 2-4-3。具体检测步骤、注意事项及要求见表 2-4-4。

图 2-36　限速器

图 2-37　安全回路断开

表 2-4-3　故障现象、主要原因及排除方法

故障现象	主要原因	排除方法
限速器电气开关断开；电梯超速，导致电梯机械装置触发；限速器轮轴承破损	（1）电梯安全回路断开	电流表 1-测量，将电气开关复位；超速后可将机械装置复位；更换限速器轮。检查强迫换速开关是否损坏，检查抱闸间隙等造成电梯超速导致限速器动作的原因
	（2）电梯故障，导致超速，如强迫换速开关损坏、抱闸间隙过大	
	（3）保养不到位，未做电梯相关检查	

表 2-4-4　具体检测步骤、注意事项及要求

限速器开关检测	注意事项及要求
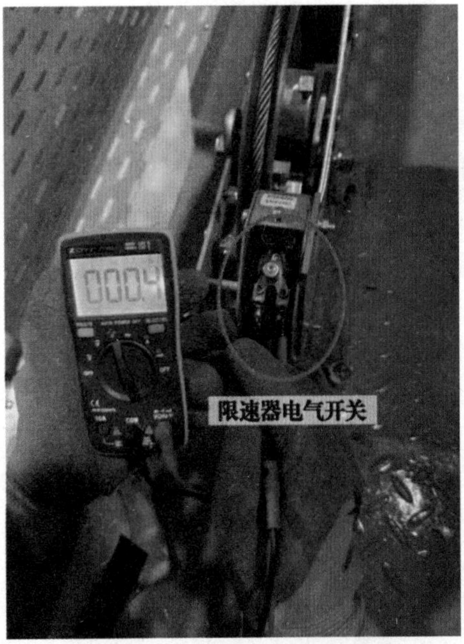 图 2-38　检测限速器电气开关	佩戴绝缘手套，切断电源，万用表调至蜂鸣挡位，检测限速器开关本身及线路

任务 2-4-3　盘车轮开关及线路故障分析及解决方法

任务描述：盘车轮是在电梯断电后，可手动将电梯上下移动的装置。盘车轮的开关（图 2-39）一般设置在墙上和曳引机上。当摘下盘车轮时，开关动作，并切断安全回路。故障现象、主要原因及排除方法见表 2-4-5。具体检测步骤、注意事项及要求见表 2-4-6。

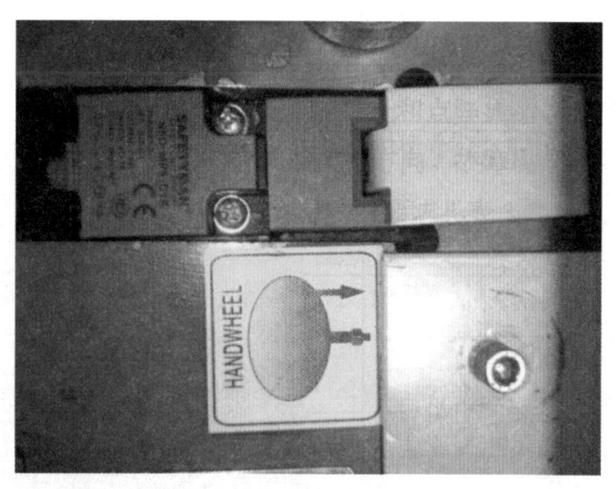

图 2-39　盘车轮开关

表 2-4-5　故障现象、主要原因及排除方法

故障现象	主要原因	排除方法
电梯主板检测不到安全回路信号，不能正常运行	（1）盘车开关线路松动或虚接，导致安全回路不通	加强日常维护保养，按照维护保养准则定期检查线路是否有松动。使用万用表 1-电压挡检查是否有电压，使用万用表 1-蜂鸣挡检查是否有断路的地方
	（2）线路有损坏，导致接地短路	
	（3）变压器损坏，导致安全回路失电	

表 2-4-6　具体检测步骤、注意事项及要求

盘车开关检测	注意事项及要求
图 2-40　盘车开关	佩戴绝缘手套，切断电源，万用表调至蜂鸣挡位，测量盘车开关通断情况。测量时，手不要伸进曳引轮防护罩内

项目 2-5　主板急停检测、主板门锁（厅轿门）检测、上限位检测、下限位检测故障分析及解决方法

项目描述：本项目包括 4 个任务，主要涉及电梯主板的相关问题。其目标是：使学员掌握主板急停检测、主板门锁（厅轿门）检测、上限位检测、下限位检测出现故障时的分析思路及解决方法。通过教学实操，培养学员吃苦耐劳的工作精神，引导学员克服学习困难，激发学员对电梯故障排查的学习兴趣与学习激情；通过提出问题，培养学员的质疑意识，提高分析、解决问题的能力。

任务 2-5-1　主板急停检测故障分析及解决方法

任务描述：主板急停检测点在安全回路中所有安全开关都接通并有电压时为主板提供信号，是电梯运行的重要条件（图 2-41）。故障现象、主要原因及排除方法见表 2-5-1。具体检测步骤、注意事项及要求见表 2-5-2。

图 2-41　主板安全回路检测信号灯无指示

表2-5-1　故障现象、主要原因及排除方法

故障现象	主要原因	排除方法
主板安全回路检测信号灯无指示，电梯慢车、快车都无法正常运行	（1）安全回路中有安全开关损坏	使用万用表1-电压挡测量安全回路电压；使用蜂鸣挡分段测量安全回路，缩小范围；检查主板插件有无松动
	（2）变压器无输出，导致安全回路失电	
	（3）主板检测信号灯损坏	

表2-5-2　具体检测步骤、注意事项及要求

主板急停检测点检测	注意事项及要求
  图2-42　安全回路终点至主板安全输入检测点	首先确定安全回路中所有开关都接通，然后佩戴绝缘手套，切断电源，测量安全回路终点至主板检测点线路

任务 2-5-2 主板门锁（厅轿门）检测故障分析及解决方法

任务描述：主板门锁检测点在厅轿门全部关闭、门锁闭合后接通门锁回路，是电梯运行前的重要条件（图 2-43 和图 2-44）。故障现象、主要原因及排除方法见表 2-5-3。具体检测步骤、注意事项及要求见表 2-5-4。

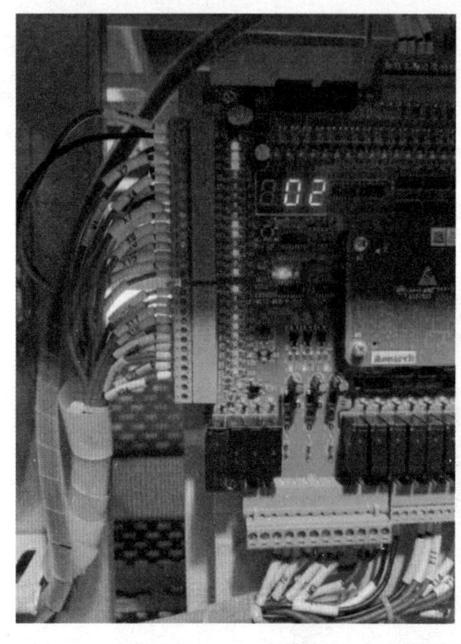

图 2-43 正常

图 2-44 厅门、轿门故障

表 2-5-3 故障现象、主要原因及排除方法

<table>
<tr><th>故障现象</th><th>主要原因</th><th>排除方法</th></tr>
<tr><td rowspan="3">主板门锁信号灯无输入，电梯无法正常运行</td><td>（1）厅门或轿门没关到位</td><td rowspan="3">观察厅门和轿门地坎是否有异物，导致电梯门没有关闭到位；使用万用表 1-测量门锁是否存在断路；加强日常维护保养，及时更换易损件</td></tr>
<tr><td>（2）闭合门锁和锁紧门锁触点接触不良</td></tr>
<tr><td>（3）门锁线路存在松动或者虚接</td></tr>
</table>

表 2-5-4　具体检测步骤、注意事项及要求

主板门锁检测	注意事项及要求
图 2-45　门锁线路终点至主板门锁输入检测点	首先确定所有门全部关闭并接通门锁，然后佩戴绝缘手套，切断电源，测量门锁线路终点至主板检测点线路

任务 2-5-3　上限位检测故障分析及解决方法

任务描述：用万用表检测上限位故障点。故障现象、主要原因及排除方法见表 2-5-5。具体检测步骤、注意事项及要求见表 2-5-6。

表 2-5-5　故障现象、主要原因及排除方法

故障现象	主要原因	排除方法
电梯无法正常运行，检修运行只能下行，无法上行；主板输入信号灯无指示	（1）上限位 1370 开关损坏	加强日常维护保养，使用万用表测量开关电源是否输出 DC 24V；测量开关及线路是否出现断路或虚接；及时更换易损件
	（2）线路虚接或断路	
	（3）无输入电压	

表 2-5-6　具体检测步骤、注意事项及要求

上限位检测	注意事项及要求
图 2-46　上限位指示灯无指示	佩戴绝缘手套，切断电源，将万用表调至蜂鸣挡，检测端子排线路至主板上限位监控点是否虚接或断开

任务 2-5-4　下限位检测故障分析及解决方法

任务描述：用万用表检测下限位故障点。故障现象、主要原因及排除方法见表 2-5-7。具体检测步骤、注意事项及要求见表 2-5-8。

表 2-5-7　故障现象、主要原因及排除方法

故障现象	主要原因	排除方法
电梯无法正常运行，检修运行只能上行；主板输入信号灯无指示	（1）下限位 1370 开关损坏	加强日常维护保养，使用万用表测量开关电源是否输出 DC 24V；测量开关及线路是否出现断路或虚接；及时更换易损件
	（2）线路虚接或者断路	
	（3）无输入电压	

表 2-5-8　具体检测步骤、注意事项及要求

下限位检测	注意事项及要求
 图 2-47　下限位指示灯无指示	佩戴绝缘手套，切断电源，将万用表调至蜂鸣挡，测量端子排线路至主板下限位监控点是否虚接或断开

项目 2-6　外呼通信、内选通信故障分析及解决方法

项目描述：本项目包括 2 个任务，主要涉及电梯通信系统的相关问题。其目标是：使学员掌握电梯外呼通信、内选通信出现故障时的分析思路及解决方法。通过对上述故障的排查分析，提高学员解决电梯机房故障中通信系统故障的能力，同时培养学员求真务实、严肃认真的科学态度和工作作风。通过小组教学，提高学员的人际交往能力和团队协作能力，养成良好的团队合作精神。

任务 2-6-1　外呼通信故障分析及解决方法

任务描述：外呼呼叫电梯没有反应（图 2-48）。故障现象、主要原因及排除方法见表 2-6-1。

图 2-48　外呼无指令信号

表 2-6-1　故障现象、主要原因及排除方法

故障现象	主要原因	排除方法
无法使用外呼呼叫电梯；显示板和按钮均亮，但是没有指令信号	（1）通信器损坏	更换外呼，调整参数，设置新的信号加强器
	（2）信号干扰	
	（3）地址码参数设置不正确	

任务 2-6-2　内选通信故障分析及解决方法

任务描述：内选呼叫电梯无反应（图 2-49）。故障现象、主要原因及排除方法见表 2-6-2。

图 2-49　“2”按钮点触正常，“1”按钮点触故障

表 2-6-2　故障现象、主要原因及排除方法

故障现象	主要原因	排除方法
在轿内无法通过操纵盘进行选层	（1）通信设备损坏	查看主板 MOD 通信或 CAN 通信有无信号灯变化；检查有无断路；检查操纵盘主板以及指令板、按钮是否有损坏；及时更换易损件
	（2）通信信号源损坏	
	（3）线路故障	

项目 2-7　五方对讲、照明故障分析及解决方法

项目描述：本项目包括 2 个任务，主要涉及电梯应急系统的相关问题。其目标是：使学员掌握电梯五方对讲、照明出现故障时的分析思路及解决方法。通过对上述故障的排查分析，提高学员解决电梯机房故障中应急系统故障的排查分析能力，同时培养学员求真务实、严肃认真的科学态度和工作作风，引导学员认识电梯应急系统的重要性，提高其职业责任感和自豪感，培养学员爱岗敬业的职业素养。

任务 2-7-1　五方对讲故障分析及解决方法

任务描述：五方对讲极其重要，是检修人员之间沟通或被困人员向外界发出求救信号的重要装置。故障现象、主要原因及排除方法见表 2-7-1。具体检测步骤、注意事项及要求见表 2-7-2。

表 2-7-1　故障现象、主要原因及排除方法

故障现象	主要原因	排除方法
五方对讲有杂音，通信不畅等；被困人员按紧急按钮，值班室未收到信号	（1）相关部件维保不到位	加强保养，更换损坏部位零件；分别检查机房、轿顶、轿内、底坑内用于五方对讲的电话通信装置，与值班室人员配合检查轿内到达值班室电话是否畅通
	（2）信号干扰	
	（3）线路损坏	

表 2-7-2　具体检测步骤、注意事项及要求

五方对讲检测	注意事项及要求
图 2-50　机房话机电压正常	佩戴绝缘手套，万用表调至直流电压挡位，检测机房话机供电电压
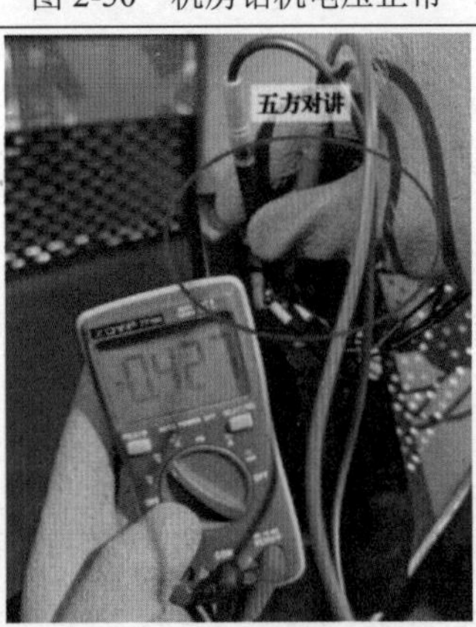 图 2-51　机房话机无电压	

任务 2-7-2 照明故障分析及解决方法

任务描述：GB 7588—2020.1《电梯制造与安装安全规范 第1部分：乘客电梯和载货电梯》中要求，主电源断开时不得切断轿厢照明、井道照明等，因此照明回路不受电梯主电源控制（图 2-52 和图 2-53）。故障现象、主要原因及排除方法见表 2-7-3。具体检测步骤、注意事项及要求见表 2-7-4。

图 2-52 照明正常

图 2-53 照明故障

表 2-7-3 故障现象、主要原因及排除方法

故障现象	主要原因	排除方法
照明亮度变低，照明设备损坏	（1）电梯相关设备保养不到位	使用万用表检查照明设备供电电压是否达到设备的额定电压，检查照明设备是否损坏；加强电梯保养和清洁，更换损坏部分设备
	（2）照明设备清洁不到位	
	（3）线路损坏	

表 2-7-4 具体检测步骤、注意事项及要求

照明检测	注意事项及要求
图 2-54 测量轿厢照明供电	佩戴绝缘手套，万用表调至交流电压挡位，检测控制轿厢照明及井道照明的空气开关是否有电压

项目 2-8 检修回路、紧急电动运行故障分析及解决方法

项目描述：本项目包括 2 个任务，主要涉及电梯机检相关问题。其目标是：使学员掌握电梯检修回路、紧急电动运行出现故障时的分析思路及解决方法。通过对上述故障的排查分析，提高学员解决电梯机房故障中机检故障的排查分析能力，同时借助国家制定标准引导学员了解电梯行业的高标准、高要求，培养学员精益求精的学习精神和规范操作的职业习惯。

任务 2-8-1 检修回路故障分析及解决方法

任务描述：在维修保养人员进行工作时，检修装置能转换至检修状态，使电梯以慢速运行，防止速度过快发生危险（图 2-55）。故障现象、主要原因及排除方法见表 2-8-1。具体检测步骤、注意事项及要求见表 2-8-2。

图 2-55 检修失灵，电梯不运转

表 2-8-1 故障现象、主要原因及排除方法

故障现象	主要原因	排除方法
电梯无法正常运行，主板检修信号灯无指示，检修人员无法进行上下行维修	（1）检修转换开关损坏 （2）检修无输入电压 （3）检修回路存在虚接或短路	使用万用表检查检修回路是否有电压；检查开关本身常开、常闭点是否损坏；加强日常维护保养，及时更换易损件

表 2-8-2　具体检测步骤、注意事项及要求

<table>
<tr><th>检修回路检测</th><th>注意事项及要求</th></tr>
<tr><td>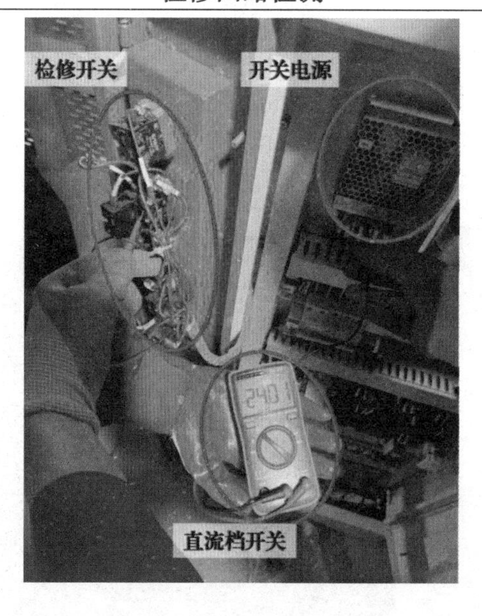

图 2-56　检修开关电压正常</td><td rowspan="2">佩戴绝缘手套，万用表调至直流电压挡位，检测检修开关供电电压</td></tr>
<tr><td>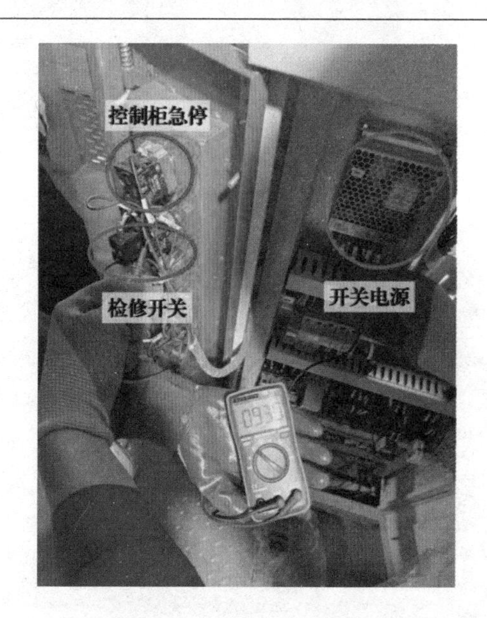

图 2-57　检修开关无电压</td></tr>
</table>

任务 2-8-2　紧急电动运行故障分析及解决方法

任务描述：在当限速器、安全钳、上极限、下极限、缓冲器等开关因为任何原因断开时，紧急电动装置能接通安全回路，使电梯慢车运行（图 2-58、图 2-59 和图 2-60）。故障现象、主要原因及排除方法见表 2-8-3。具体检测步骤、注意事项及要求见表 2-8-4。

图 2-58　触发限速器电气开关

图 2-59　启动紧急电动

图 2-60　紧急电动不起作用

表 2-8-3　故障现象、主要原因及排除方法

故障现象	主要原因	排除方法
当限速器、安全钳、上极限、下极限、缓冲器等在紧急电动回路中的开关断开时，转换至紧急电动运行状态，无法慢车上下运行	（1）紧急电动转换按钮损坏	检查紧急电动转换开关本身是否有损坏；检查线路是否有虚接或者短路；及时更换易损件
	（2）线路存在虚接或者短路	

表 2-8-4　具体检测步骤、注意事项及要求

紧急电动运行检测	注意事项及要求
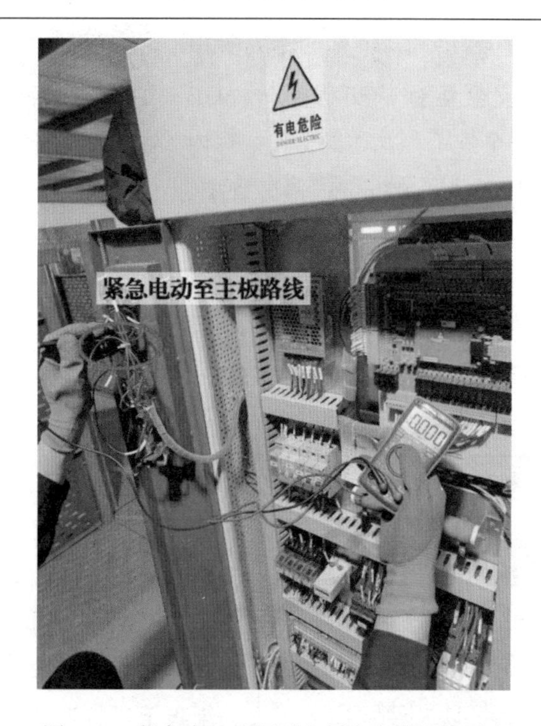 图 2-61　紧急电动按钮至主板安全输入检测点	佩戴绝缘手套，万用表调至交流电压挡，检测紧急电动按钮短接安全回路部分开关的线路是否有电压经过

项目 2-9　抱闸间隙、钢丝绳绳头装置故障分析及解决方法

项目描述：本项目包括 2 个任务，主要涉及电梯抱闸间隙、钢丝绳绳头装置相关问题。其目标是：使学员掌握电梯抱闸间隙过大或过小、电梯运行抖动等故障出现时的分析思路及解决办法。通过对上述故障的排查分析，提高学员对电梯机房故障中机械故障进行排查分析的能力，同时借助国家标准引导学员了解电梯行业的高标准、高要求，培养学员精益求精的学习精神和规范操作的职业习惯。

任务 2-9-1　抱闸间隙故障分析及解决方法

任务描述：抱闸也称制动器、刹车等。抱闸间隙对于电梯至关重要，影响着电梯能否安全运行、安全停车。GB 7588—2020.1《电梯制造与安装安全规范　第 1 部分：乘客电梯和载货电梯》中要求抱闸间隙应不大于 0.7mm。故障现象、主要原因及排除方法见表 2-9-1。具体检测步骤、注意事项及要求见表 2-9-2。

抱闸间隙故障

表 2-9-1　故障现象、主要原因及排除方法

故障现象	主要原因	排除方法
电梯轿厢发生冲顶；曳引机过载严重发热；停车时抱闸声响过大	（1）抱闸间隙过大，发生溜车，导致冲顶 （2）抱闸间隙过大，停车时抱闸动作异常声响 （3）抱闸间隙过小，运行时与曳引机产生摩擦 （4）抱闸制动衬磨损严重	根据抱闸型号（块式制动器、鼓式制动器），使用塞尺测量间隙是否在要求范围内，并用扳手进行调整

表2-9-2　具体检测步骤、注意事项及要求

抱闸间隙检测	注意事项及要求
图2-62　调整抱闸间隙	佩戴防护手套，逐一对抱闸进行调整，切勿两个抱闸同时松开，尽量将电梯停靠在顶层位置
图2-63　测量抱闸间隙	佩戴防护手套，防止塞尺划伤手指，测量时四周间隙应均匀

任务2-9-2　钢丝绳绳头装置故障分析及解决方法

任务描述： 钢丝绳绳头装置是用来曳引钢丝绳缠绕轿厢和对重之后固定绳头的，一般采用楔形绳头、巴氏合金等。故障现象、主要原因及排除方法见表2-9-3。具体检测步骤、注意事项及要求见表2-9-4。

表 2-9-3　故障现象、主要原因及排除方法

故障现象	主要原因	排除方法
电梯运行时晃动，舒适感严重不良；曳引轮或导向轮轮槽磨损严重，舒适感严重不良	（1）绳头装置弹簧调整不均，导致各钢丝绳张力不均	根据任务 2-9-2 中操作方法确定哪一根钢丝绳松动严重，使用扳手调整绳头张紧
	（2）绳头装置处螺钉松动，导致钢丝绳松动	

表 2-9-4　具体检测步骤、注意事项及要求

钢丝绳绳头装置检测	注意事项及要求
图 2-64　绳头装置缺少开口销	佩戴防护手套，调整完成后应增加双螺母固定，且开口销完整良好
图 2-65　调整绳头装置	佩戴防护手套，选用正确规格的扳手调整绳头装置。注意：调整完毕后，应检查钢丝绳张力

模块 3　井道故障

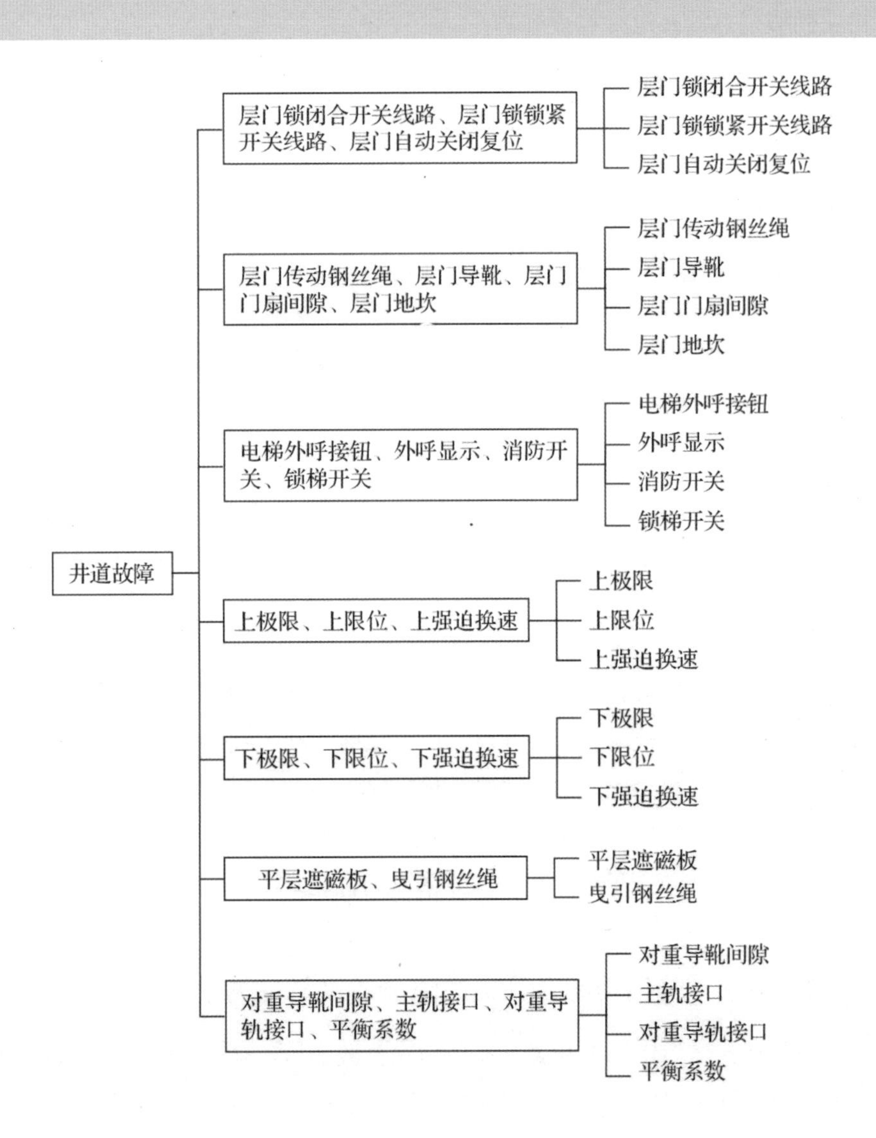

井道故障
层门锁闭合开关线路、层门锁锁紧开关线路、层门自动关闭复位
层门锁闭合开关线路
层门锁锁紧开关线路
层门自动关闭复位
层门传动钢丝绳、层门导靴、层门门扇间隙、层门地坎
层门传动钢丝绳
层门导靴
层门门扇间隙
层门地坎
电梯外呼按钮、外呼显示、消防开关、锁梯开关
电梯外呼按钮
外呼显示
消防开关
锁梯开关
上极限、上限位、上强迫换速
上极限
上限位
上强迫换速
下极限、下限位、下强迫换速
下极限
下限位
下强迫换速
平层遮磁板、曳引钢丝绳
平层遮磁板
曳引钢丝绳
对重导靴间隙、主轨接口、对重导轨接口、平衡系数
对重导靴间隙
主轨接口
对重导轨接口
平衡系数

情境引入

案例 1：近日，电梯成为某小区 10 号楼 2 单元五楼以上所有业主的一个心病，他们在乘坐电梯时不止一次在五楼和六楼中间遭遇电梯轿厢出现明显晃动及发出声响的情况，导致部分业主和孩子因为担心被困在电梯中，宁愿选择爬楼梯上下五、六两层。业主们纷纷表示，这严重影响了他们的日常生活，希望物业能够早点派人进行检查维修。

请同学们就此案例进行分析，找出电梯的故障原因。

案例 2：家住某小区 3 号楼 2 单元 1502 的李先生最近遇上了一件让他十分头疼的事，自己在这个小区住了快五年了，一直没什么事，但前几天他下班回家后出电梯时一时没注意，被绊倒在地。后来，李先生经过观察后发现，电梯到达 15 楼之后，轿厢与地面不在同一水平线，有高低差，不注意的话很容易绊倒。李先生在群里和其他业主沟通，7 楼业主说自家楼层也是这样。李先生表示，幸好被绊倒的是自己，要是家中的老人和孩子，后果不堪设想。

请同学们分析一下，哪个环节出现问题会导致电梯到达层站后平层误差太大？

项目 3-1　层门锁闭合开关线路、层门锁锁紧开关线路、层门自动关闭复位故障分析及解决方法

项目概述：本项目包括 3 个任务，主要涉及电梯层门的相关问题。其目标是：使学员掌握层门锁闭合开关线路、层门锁锁紧开关线路、层门自动关闭复位出现故障时的分析思路及解决方法。通过对上述故障的排查分析，提高学员解决电梯层门故障问题的能力。同时通过故障排除实践，培养学员勤于动脑、动手的习惯，以及独立思考、乐于探索的学习品格。

任务 3-1-1　层门锁闭合开关故障分析及解决方法

任务描述：层门锁闭合开关是在层门完全关闭后，验证是否关闭到位的重要检测装置。同时，层门锁闭合开关传递给主板检测信号，“通知”主板层门已经完全关闭到位的电气安全装置。故障现象、主要原因及排除方法见表 3-1-1。具体检测步骤、注意事项及要求见表 3-1-2。

表 3-1-1　故障现象、主要原因及排除方法

故障现象	主要原因	排除方法
层门关闭到位后门锁未闭合，电梯主板未收到门锁信号，电梯不运行	（1）门锁开关线路虚接 （2）开关本身与闭合触点接触面小 （3）开关内部导通回路的铁片损坏	用万用表蜂鸣挡检测开关线路之间的通断、是否存在虚接，以及开关本身是否有损坏，目测闭合触点是否与开关接触良好，触点是否为长时间未进行保养而生锈，加强日常维护保养，及时更换易损件

表 3-1-2　具体检测步骤、注意事项及要求

层门锁闭合开关检测	注意事项及要求
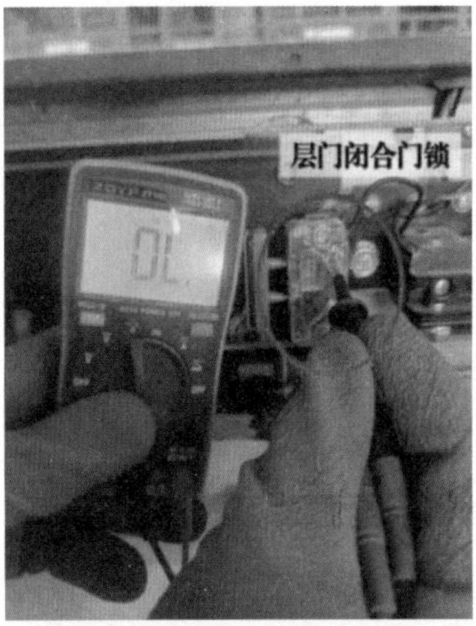 图 3-1　测量层门闭合门锁	佩戴绝缘手套，在井道内工作须佩戴安全帽，切断电源，将万用表调至通断挡位，检测线路是否正常
 图 3-2　使用十字螺钉旋具调整开关与触点接触面	切断电源，在井道内工作须佩戴安全帽，使用十字螺钉旋具调整触点与闭合开关接触面时切勿过分调整，以免导致开关本身长期压迫而加快损坏

任务 3-1-2　层门锁锁紧开关故障分析及解决方法

任务描述：层门锁锁紧开关在验证层门关闭到位后，在层门外应不能打开，以防乘客意外打开层门而掉落井道。一般开关采用重力式、弹簧式、永久磁铁式。根据 GB 7588—2020.1《电梯制造与安装安全规范　第 1 部分：乘客电梯和载货电梯》的要求，锁紧开关啮合后锁紧元件的啮合距离达到 7mm。故障现象、主要原因及排除方法见表 3-1-3。具体检测步骤、注意事项及要求见表 3-1-4。

层门锁紧开关故障

表 3-1-3　故障现象、主要原因及排除方法

故障现象	主要原因	排除方法
电梯主板未收到门锁信号，电梯不运行	（1）开关本身损坏，层门关闭后未自动落到触点上，导致门锁未接通	使用万用表蜂鸣挡检测开关线路及本身是否存在虚接或损坏，目测开关的安装刻度是否正确，以及与触点本身是否接触良好，加强日常维护保养，及时更换易损件
	（2）线路虚接	
	（3）锁紧开关未按照要求刻度调整，闭合后未与触点良好接触	

表 3-1-4　具体检测步骤、注意事项及要求

层门锁锁紧开关检测	注意事项及要求
图 3-3　测量层门锁锁紧开关触点	佩戴绝缘手套，在井道内工作须佩戴安全帽，切断电源，将万用表调至蜂鸣挡，测量开关线路

续表

<table>
<tr><th>层门锁锁紧开关检测</th><th>注意事项及要求</th></tr>
<tr><td>

图 3-4　调整钩子锁锁紧刻度</td><td>佩戴防护手套，防止受伤，在井道内工作须佩戴安全帽，使用合适的扳手调整锁紧开关刻度及与触点接触面</td></tr>
</table>

任务 3-1-3　层门自动闭合装置故障分析及解决方法

任务描述：层门自动闭合装置在电梯安全运行过程中具有非常重要的作用。当轿门驱动层门关闭锁合后，层门无论何种原因开启，层门上都必须有一套机构使层门迅速自动关闭，以防安全事故发生，这套机构称为层门自动闭合装置。一般常用的层门自动闭合装置有重锤式、拉簧式、压簧式等几种。故障现象、主要原因及排除方法见表 3-1-5。具体检测步骤、注意事项及要求见表 3-1-6。

表 3-1-5　故障现象、主要原因及排除方法

<table>
<tr><th>故障现象</th><th>主要原因</th><th>排除方法</th></tr>
<tr><td rowspan="4">层门未自动关闭，导致电梯主板未收到门锁信号，电梯不运行，同时增加了人员意外坠落井道的危险</td><td>（1）层门重锤太小，不能带动层门关闭</td><td rowspan="4">手动将层门完全打开，观察自动关闭的过程中哪里存在卡阻，使用塞尺检查偏心轮与门导轨之间的间隙</td></tr>
<tr><td>（2）层门重锤连接的钢丝绳出现松动</td></tr>
<tr><td>（3）门扇中的偏心轮与门导轨间隙太小，导致关门阻力增大</td></tr>
<tr><td>（4）楼层地下室或高层风阻过大，导致门关闭时的阻力增大</td></tr>
</table>

表 3-1-6　具体检测步骤、注意事项及要求

层门自动闭合装置检测	注意事项及要求
图 3-5　调整重锤松紧	佩戴防护手套，在井道内工作须佩戴安全帽，检查重锤连接处的钢丝绳是否有松动，并使用相应规格的扳手进行调整
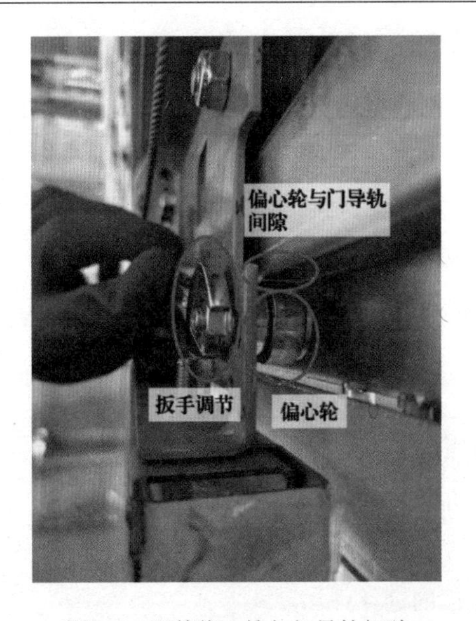图 3-6　调整偏心轮与门导轨间隙	佩戴防护手套，在井道内工作须佩戴安全帽，检查偏心轮与门导轨之间的间隙，并用相应规格的扳手进行调整

项目 3-2　层门传动钢丝绳、层门导靴、层门门扇间隙、层门地坎故障分析及解决方法

项目概述：本项目包括 4 个任务，主要涉及电梯层门故障的相关问题。其目标是：使学员掌握层门传动钢丝绳、层门导靴、层门门扇间隙、层门地坎出现故障时的分析思路及解决方法。通过对上述故障的排查分析，提高学员解决电梯层门故障问题的能力，同时在操作中培养学员踏实严谨的学习态度和注重电梯维保质量的意识。

任务 3-2-1　层门传动钢丝绳故障分析及解决方法

任务描述：层门传动钢丝绳是保证两扇或多扇层门打开或关闭时同步进行的装置。故障现象、主要原因及排除方法见表 3-2-1。具体检测步骤、注意事项及要求见表 3-2-2。

表 3-2-1　故障现象、主要原因及排除方法

<table>
<tr><th>故障现象</th><th>主要原因</th><th>排除方法</th></tr>
<tr><td rowspan="2">以乘客电梯为例，两扇层门未向不同方向或以相同速度打开或关闭</td><td>（1）传动钢丝绳与门扇挂板之间出现松动</td><td rowspan="2">手动检查传动钢丝绳之间的张力是否过分松弛，目测整条钢丝绳是否出现破股或断丝的情况</td></tr>
<tr><td>（2）传动钢丝绳磨损严重或断裂</td></tr>
</table>

表 3-2-2　具体检测步骤、注意事项及要求

层门传动钢丝绳检测	注意事项及要求
图 3-7　检查钢丝绳张紧力	佩戴防护手套，在井道内工作须佩戴安全帽，防止钢丝绳有断丝的地方而划伤手指

续表

层门传动钢丝绳检测	注意事项及要求
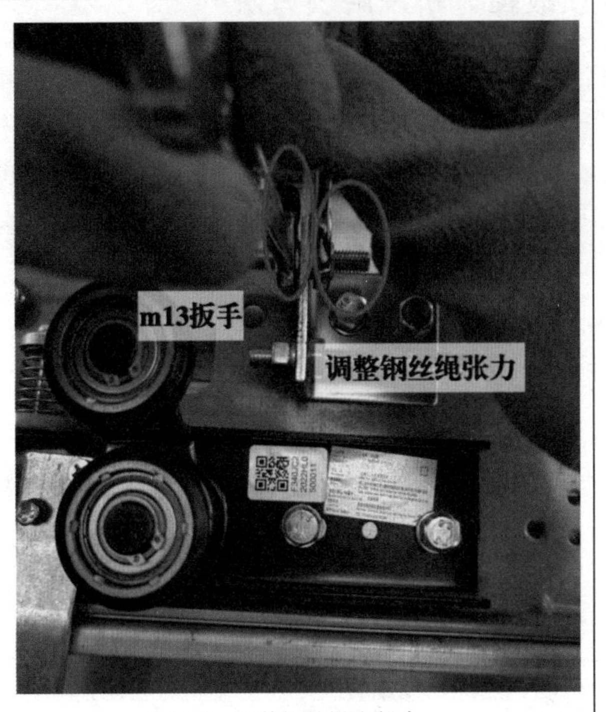 图 3-8 调整钢丝绳张紧力	佩戴防护手套，在井道内工作须佩戴安全帽，使用相应规格的扳手紧固钢丝绳与门挂板之间的固定螺钉或固定板

任务 3-2-2 层门导靴故障分析及解决方法

任务描述：层门导靴是为层门打开或关闭时提供导向的重要装置。故障现象、主要原因及排除方法见表 3-2-3。具体检测步骤、注意事项及要求见表 3-2-4。

表 3-2-3 故障现象、主要原因及排除方法

故障现象	主要原因	排除方法
层门不能正常关闭，导致电梯主板未收到门锁信号，电梯不运行；层门门扇脱出地坎与轿厢产生碰撞	（1）门导靴与地坎之间的间隙太小	目测层门导靴是否严重磨损，并及时更换易损件，使用合适扳手及垫片调整门导靴与地坎之间的间隙，减小层门开启或关闭时的阻力
	（2）门导靴磨损严重	

表 3-2-4　故障现象、主要原因及排除方法

层门导靴检测	注意事项及要求
 图 3-9　紧固层门导靴	佩戴防护手套，在井道内工作须佩戴安全帽，防止门扇划伤手指
 图 3-10　通过加减垫片调整层门垂直度	佩戴防护手套，在井道内工作须佩戴安全帽，通过加减垫片调整层门垂直度。注意：操作过程中使用正确规格的扳手及垫片

任务 3-2-3 层门门扇间隙故障分析及解决方法

任务描述： TSG T7001—2023《电梯监督检验和定期检验规则》中要求乘客电梯层门门扇与门框、地坎的间隙不能大于 6mm，货梯不能大于 8mm。故障现象、主要原因及排除方法见表 3-2-5。具体检测步骤、注意事项及要求见表 3-2-6。

表 3-2-5 故障现象、主要原因及排除方法

故障现象	主要原因	排除方法
层门门扇不能全部打开；两扇层门呈现 A 字形或 V 字形	（1）层门门扇与地坎间隙过小	使用塞尺检查门扇、门框与地坎之间的间隙是否在合格范围之内；使用合适垫片调整不垂直的门扇，可以根据现场门扇与地坎之间的距离选择在固定螺钉处增加或减少垫片
	（2）层门中一扇门或多扇门不垂直	

表 3-2-6 具体检测步骤、注意事项及要求

层门门扇检测	注意事项及要求
图 3-11 门扇呈 V 字形	佩戴防护手套，在井道内工作须佩戴安全帽，选用正确规格的扳手及垫片进行调整

续表

层门门扇检测	注意事项及要求
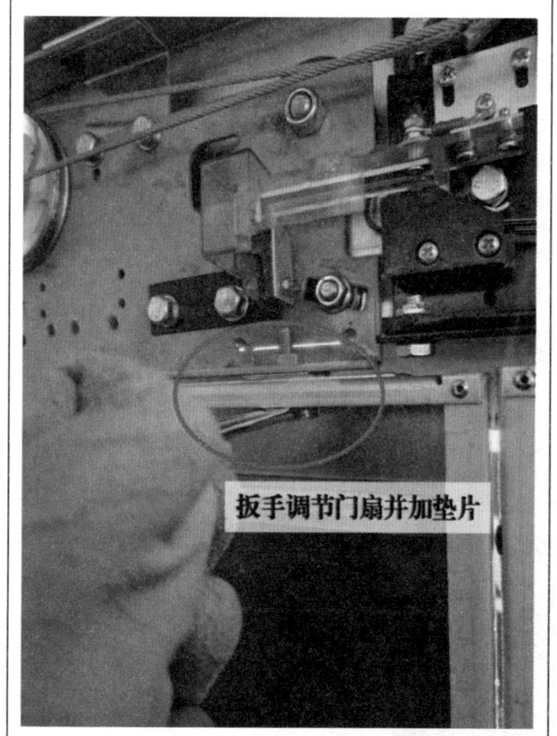图 3-12　加减垫片调整门扇垂直	佩戴防护手套，在井道内工作须佩戴安全帽，选用正确规格的扳手及垫片进行调整

任务 3-2-4　层门地坎故障分析及解决方法

任务描述：层门地坎是用来限制层门活动自由度的重要装置。故障现象、主要原因及排除方法见表 3-2-7。具体检测步骤、注意事项及要求见表 3-2-8。

表 3-2-7　故障现象、主要原因及排除方法

故障现象	主要原因	排除方法
层门无法正常开启或关闭，电梯主板未收到门锁信号，电梯不运行	（1）地坎安装不水平	使用水平仪或水平尺检查层门地坎水平度，目测地坎内是否有异物卡阻；检查地坎支架螺钉是否松动、焊接的地方是否有开焊情况
	（2）地坎中有石子等异物卡阻	
	（3）固定地坎支架松动	

表 3-2-8　具体检测步骤、注意事项及要求

层门地坎检测	注意事项及要求
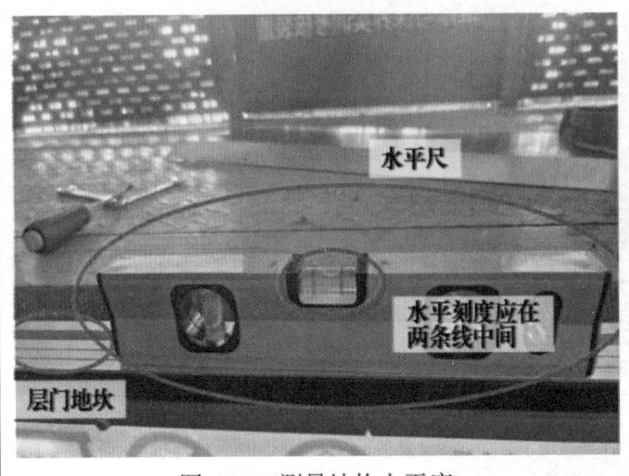 图 3-13　测量地坎水平度	佩戴防护手套，在井道内工作时佩戴安全帽，确定水平仪或水平尺等测量仪器的准确度
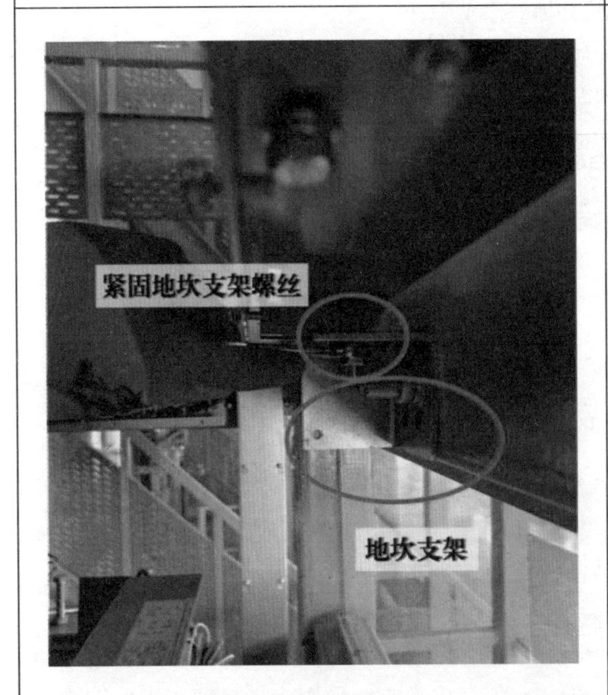 图 3-14　调整地坎支架	佩戴防护手套，在井道内工作时佩戴安全帽，使用正确规格的扳手将地坎支架紧固。如需用到电焊机，还须佩戴护目镜，并做好接地工作

项目3-3　电梯外呼按钮、外呼显示、消防开关、锁梯开关故障分析及解决方法

项目概述：本项目包括4个任务，主要涉及电梯层站外呼及消防锁梯的相关问题（图3-15）。其目标是：使学员掌握外呼按钮、外呼显示、消防开关、锁梯开关出现故障时的分析思路及解决方法。通过对上述故障的排查分析，提高学员解决电梯外呼及消防锁梯故障问题的能力，同时培养学员正确用电的安全意识和主动与他人合作的团队精神。

图3-15　消防开关、外呼显示、外呼按钮、锁梯开关

任务3-3-1　外呼按钮故障分析及解决方法

任务描述：外呼按钮是乘客用来使用电梯，并将电梯召唤到使用层站的装置，是乘客使用电梯的唯一途径。故障现象、主要原因及排除方法见表3-3-1。具体检测步骤、注意事项及要求见表3-3-2。

表 3-3-1　故障现象、主要原因及排除方法

故障现象	主要原因	排除方法
按下呼梯按钮后，电梯轿厢收不到指令，无法运行到乘客乘坐电梯的层站	（1）外呼按钮损坏	使用万用表检测外呼按钮是否有损坏，目测外呼按钮插接件是否松动，检查层站附近是否有强电压干扰
	（2）外呼按钮插头松动	
	（3）外呼按钮附近有强电压干扰，无法将通信指令传输至主板	

表 3-3-2　具体检测步骤、注意事项及要求

外呼按钮检测	注意事项及要求
图 3-16　检测外呼按钮线路通断	佩戴绝缘手套，切断电源，将万用表拨至正确挡位；检查开关是否有损坏、线路是否有问题
 图 3-17　测量外呼输入电压	

任务 3-3-2　外呼显示故障分析及解决方法

任务描述：外呼显示板一般采用液晶显示和点阵显示。乘客可以在外呼显示板上观察到电梯轿厢当前所在楼层及运行方向。故障现象、主要原因及排除方法见表 3-3-3。具体检测步骤、注意事项及要求见表 3-3-4。

表 3-3-3　故障现象、主要原因及排除方法

<table>
<tr><th>故障现象</th><th>主要原因</th><th>排除方法</th></tr>
<tr><td rowspan="3">外呼显示主板黑屏，看不到电梯当前所在楼层和运行方向</td><td>（1）外呼显示板损坏</td><td rowspan="3">根据任务 2-1-5 测量 24V 供电电源正常，使用万用表测量显示板输入电压正常，检查线路有无虚接或松动，及时更换易损件</td></tr>
<tr><td>（2）外呼显示板无供电电压</td></tr>
<tr><td>（3）插接件松动或线路虚接</td></tr>
</table>

表 3-3-4　具体检测步骤、注意事项及要求

<table>
<tr><th>外呼显示检测</th><th>注意事项及要求</th></tr>
<tr><td>图 3-18　检测外呼板线路通断</td><td rowspan="2">佩戴绝缘手套，切断电梯电源。注意：切勿用手直接触碰主板，防止静电或出汗导致显示板元器件损坏</td></tr>
<tr><td>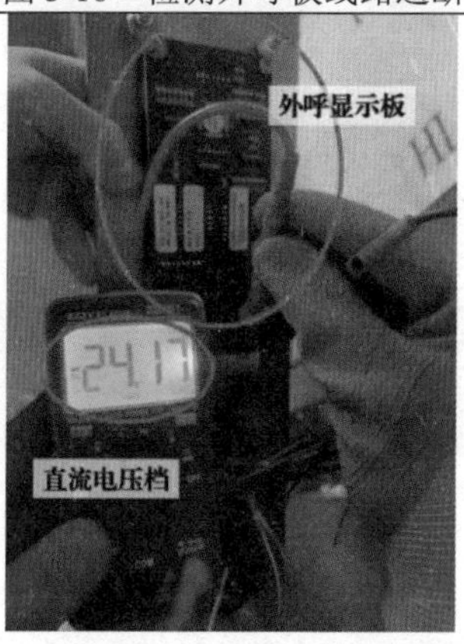

图 3-19　测量外呼显示板输入电压</td></tr>
</table>

任务 3-3-3　消防开关故障分析及解决方法

任务描述：当建筑物发生火灾时，按下消防开关，可以使电梯轿厢迫降到预设楼层（大多数为 1 楼），以防由于火灾时乘客使用电梯而造成二次危险。故障现象、主要原因及排除方法见表 3-3-5。具体检测步骤、注意事项及要求见表 3-3-6。

表 3-3-5　故障现象、主要原因及排除方法

故障现象	主要原因	排除方法
消防开关损坏增加安全隐患，开关线路粘连导致电梯一直有消防信号，电梯轿厢一直停靠在指定楼层不能运行	（1）开关本身损坏 （2）线路出现断路或粘连	使用万用表蜂鸣挡检测开关本身是否有损坏，检查线路是否有虚接或粘连的情况；及时更换易损件，加强日常维护保养

表 3-3-6　具体检测步骤、注意事项及要求

消防开关检测	注意事项及要求
 图 3-20　测量消防开关输入电压	佩戴绝缘手套，切断电源，在工作楼层放置安全警示牌
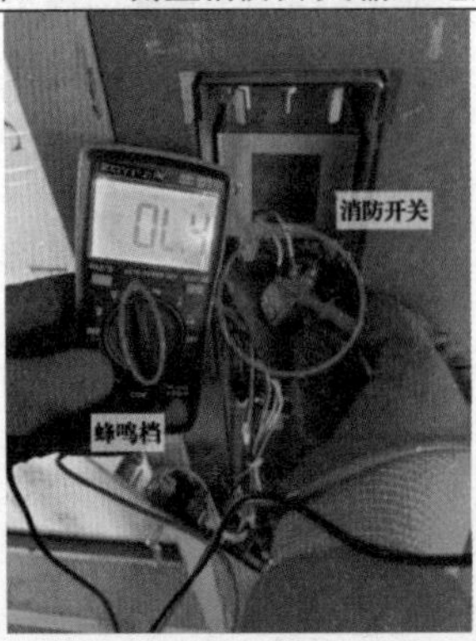 图 3-21　检测消防开关通断	

任务 3-3-4　锁梯开关故障分析及解决方法

任务描述：在电梯不使用时，用电梯驻停钥匙将电梯驻停在基站的装置。故障现象、主要原因及排除方法见表 3-3-7。具体检测步骤、注意事项及要求见表 3-3-8。

表 3-3-7　故障现象、主要原因及排除方法

故障现象	主要原因	排除方法
电梯主板或锁梯继电器收不到锁梯信号，电梯不运行	（1）锁梯开关损坏	使用万用表检测锁梯开关本身是否损坏，检查锁梯继电器常开、常闭触点，检查继电器线圈；加强日常维护保养，及时更换易损件
	（2）锁梯继电器损坏	
	（3）锁梯线路出现虚接或短路	

表 3-3-8　具体检测步骤、注意事项及要求

锁梯开关检测	注意事项及要求
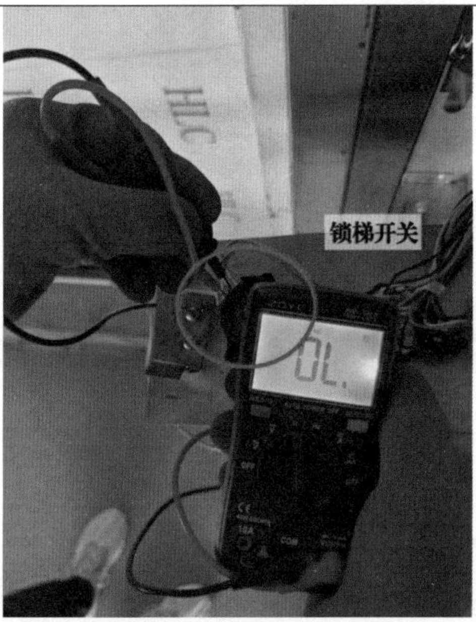 图 3-22　检测锁梯开关线路	佩戴绝缘手套，切断电源，使用万用表蜂鸣挡检测锁梯开关本身是否损坏

项目 3-4　上极限、上限位、上强迫换速故障分析及解决方法

项目概述：本项目包括 3 个任务，主要涉及电梯上端站开关的相关问题。其目标是：使学员掌握上极限、上限位、上强迫换速出现故障时的分析思路及解决方法（图 3-23）。通过对上述故障的排查分析，提高学员解决电梯上端站开关故障问题的能力，同时培养学员求真务实、精益求精和规范操作的学习品质。

图 3-23　上极限、上限位、上强迫换速

任务 3-4-1　上极限故障分析及解决方法

任务描述：上极限是电梯冲顶时制停电梯的安全装置，设置在强迫换速和限位开关之后，其动作是由装在轿厢上的撞弓触发上极限开关，切断安全回路或断开上下行主接触器，使曳引机停止转动，轿厢停止运行。故障现象、主要原因及排除方法见表 3-4-1。具体检测步骤、注意事项及要求见表 3-4-2。

表 3-4-1　故障现象、主要原因及排除方法

故障现象	主要原因	排除方法
电梯主板安全回路无信号指示，电梯不运行	（1）上极限开关损坏	使用万用表检测上极限开关是否损坏，检测线路通断，根据任务 2-1-4 确定安全回路有输入电压
	（2）线路虚接或断路	

表 3-4-2　具体检测步骤、注意事项及要求

上极限检测	注意事项及要求
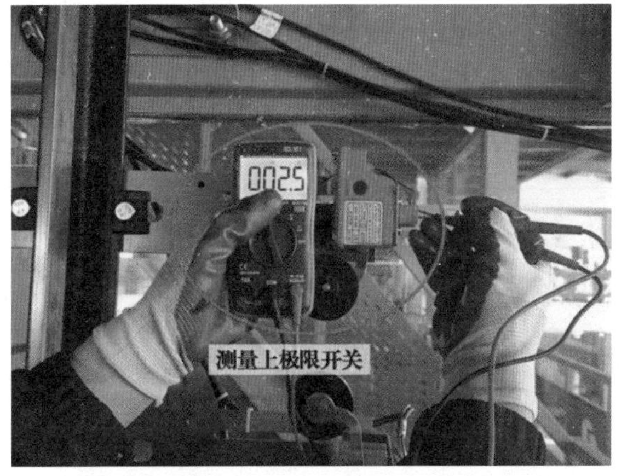 图 3-24　测量上极限开关 1	佩戴绝缘手套，切断电源，在井道内工作须佩戴安全帽。站立在轿厢上测量时需拍下急停，以保证自身安全。使用万用表蜂鸣挡测量上极限开关是否损坏
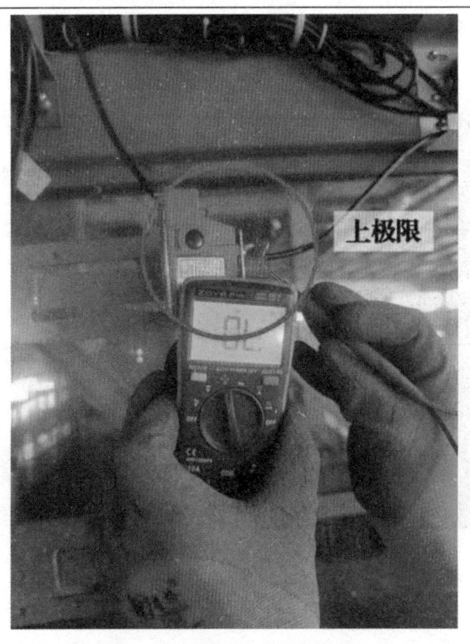 图 3-25　测量上极限开关 2	佩戴绝缘手套，切断电源，在井道内工作须佩戴安全帽。站立在轿厢上测量时需拍下急停，以保证自身安全。使用万用表电压挡测量上极限开关线路有无电压经过

任务 3-4-2　上限位故障分析及解决方法

上限位故障

任务描述：上限位开关安装在井道顶部，在强迫换速开关之后，是电梯失控的第二道防线。当强迫换速开关未能使电梯减速停驶，轿厢越出顶层后，上限位开关动作，触发控制线路，使曳引机断电并使制动器动作，迫使电梯停止运行。故障现象、主要原因及排除方法见表 3-4-3。具体检测步骤、注意事项及要求见表 3-4-4。

表 3-4-3　故障现象、主要原因及排除方法

故障现象	主要原因	排除方法
电梯主板丢失上限位信号，电梯不能运行快车，慢车只能下行不能上行	（1）上限位开关损坏	使用万用表蜂鸣挡测量开关本身及线路是否有虚接或短路，使用卷尺测量轿厢顶层平层时撞弓与开关之间的安装距离，加强日常维护保养，及时更换易损件
	（2）上限位开关安装距离平层开关太近	
	（3）上限位开关线路虚接或断路	

表 3-4-4　具体检测步骤、注意事项及要求

上限位检测	注意事项及要求
 图 3-26　检测上限位开关	佩戴绝缘手套，切断电源，在井道内工作须佩戴安全帽。站立在轿厢上测量时需拍下急停，以保证自身安全。使用万用表蜂鸣挡检测上限位开关及线路是否损坏

续表

上限位检测	注意事项及要求
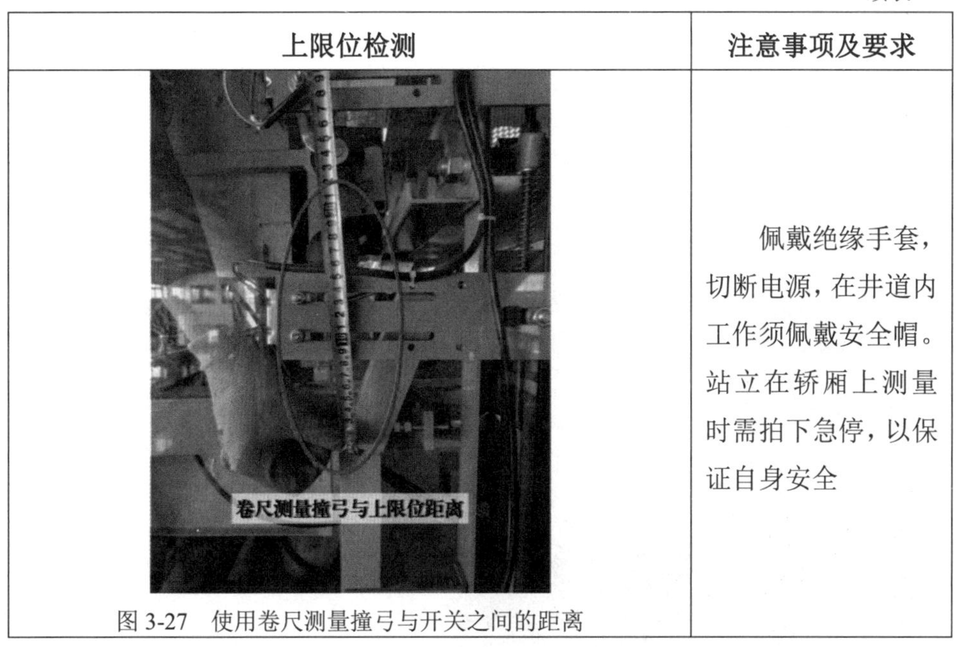 图 3-27 使用卷尺测量撞弓与开关之间的距离	佩戴绝缘手套，切断电源，在井道内工作须佩戴安全帽。站立在轿厢上测量时需拍下急停，以保证自身安全

任务 3-4-3 上强迫换速故障分析及解决方法

任务描述：上强迫换速开关是电梯失控有可能造成冲顶时的第一道防线。一般上强迫换速开关安装在井道的顶部。当电梯失控轿厢已到顶层而不能减速停车时，装在轿厢上的撞弓与强迫换速开关的碰轮接触并发出指令信号，迫使电梯减速运行。故障现象、主要原因及排除方法见表 3-4-5。具体检测步骤、注意事项及要求见表 3-4-6。

表 3-4-5 故障现象、主要原因及排除方法

故障现象	主要原因	排除方法
电梯主板收不到上强迫换速信号，电梯运行至顶层平层时无法正常减速，主板报故障，电梯停止运行	（1）上强迫换速开关损坏	使用万用表蜂鸣挡检测上强迫换速开关本身及线路通断，是否存在虚接或损坏情况；当轿厢撞弓刚刚接触换速开关时，使用卷尺测量层门地坎与轿厢地坎之间的距离，根据实际速度确定换速距离；加强日常维护保养，及时更换易损件
	（2）线路存在虚接或断路	
	（3）换速距离太近或太远	

表 3-4-6　具体检测步骤、注意事项及要求

上强迫换速检测	注意事项及要求
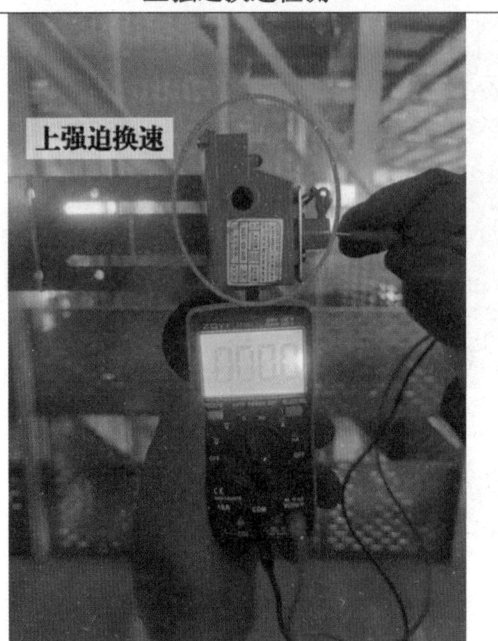图 3-28　检测强迫换速开关	佩戴绝缘手套，切断电源，在井道内工作须佩戴安全帽。站立在轿厢上测量时需拍下急停，以保证自身安全。使用万用表蜂鸣挡检测上强迫换速开关及线路是否损坏
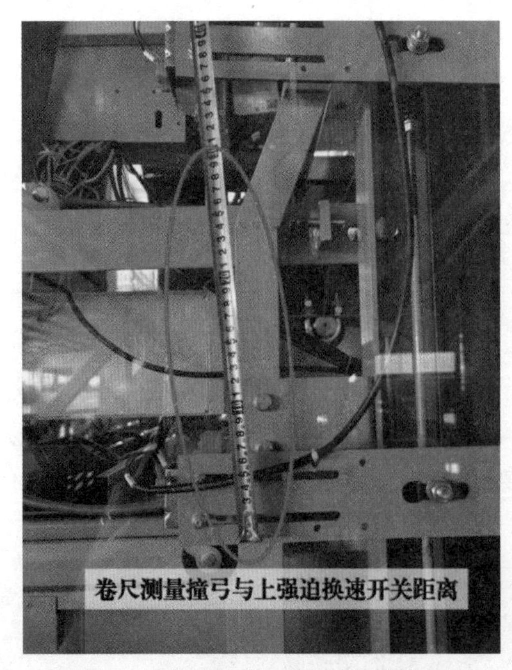图 3-29　测量撞弓与开关之间的距离	佩戴防护手套，使用卷尺测量换速距离时，避免人横跨在轿厢和层站之间，以防剪切事故的发生

项目 3-5　下极限、下限位、下强迫换速故障分析及解决方法

项目概述：本项目包括 3 个任务，主要涉及电梯下端站开关的相关问题（图 3-30）。其目标是：使学员掌握下极限、下限位、下强迫换速出现故障时的分析思路及解决方法。通过对上述故障的排查分析，提高学员解决电梯下端站开关故障问题的能力，同时培养学员求真务实、精益求精和规范操作的学习品质。

图 3-30　下极限、下限位、下强迫换速

任务 3-5-1　下极限故障分析及解决方法

任务描述：下极限是在电梯蹲底时制停电梯的安全装置。下极限设置在强迫换速和限位开关之后，其动作是由装在轿厢上的撞弓触发下极限开关，切断安全回路或断开上下行主接触器，使曳引机停止转动，轿厢停止运行。故障现象、主要原因及排除方法见表 3-5-1。具体检测步骤、注意事项及要求见表 3-5-2。

表 3-5-1　故障现象、主要原因及排除方法

故障现象	主要原因	排除方法
电梯主板安全回路无信号指示，电梯不运行	（1）下极限开关损坏	使用万用表检测上极限开关是否损坏，以及线路通断情况，根据任务 2-1-4 确定安全回路有输入电压
	（2）线路虚接或断路	

表 3-5-2　具体检测步骤、注意事项及要求

下极限检测	注意事项及要求 
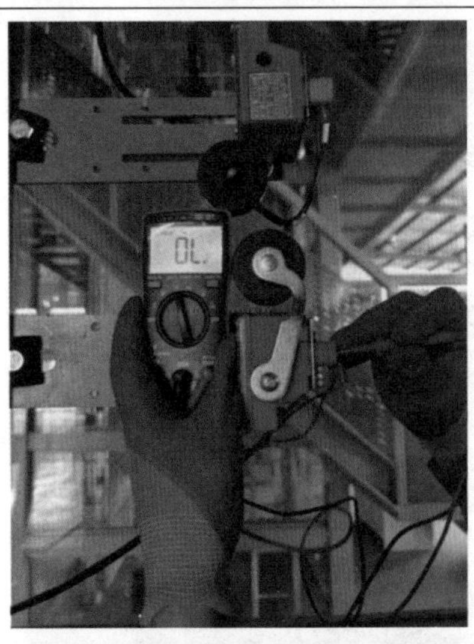 图 3-31　检测下极限开关是否损坏	佩戴绝缘手套，切断电源，在井道内工作须佩戴安全帽。站立在底坑测量时需按下地坑急停，以保证自身安全。使用万用表蜂鸣挡检测下极限开关是否损坏
 图 3-32　检测下极限开关线路有无电压经过	佩戴绝缘手套，切断电源，在井道内工测量时需按下地坑急停，以保证自身安全。使用万用表电压挡检测下极限开关线路有无电压经过

任务 3-5-2　下限位故障分析及解决方法

任务描述：下限位开关安装在井道顶部，在强迫换速开关之后，是电梯失控的第二道防线。当强迫换速开关未能使电梯减速停驶，轿厢越出底层后，下限位开关动作，触发控制线路，使曳引机断电并使制动器动作，迫使电梯停止运行。故障现象、主要原因及排除方法见表 3-5-3。具体检测步骤、注意事项及要求见表 3-5-4。

表 3-5-3　故障现象、主要原因及排除方法

故障现象	主要原因	排除方法
电梯主板丢失下限位信号，电梯不能运行快车，慢车只能上行，不能下行	（1）上限位开关损坏	使用万用表蜂鸣挡测量开关本身及线路是否有虚接或短路；轿厢底层平层时，使用卷尺测量撞弓与开关之间的安装距离；加强日常维护保养，及时更换易损件
	（2）上限位开关距离平层开关太近	
	（3）上限位开关线路虚接或断路	

表 3-5-4　具体检测步骤、注意事项及要求

下限位检测	注意事项及要求
图 3-33　检测下限位开关	佩戴绝缘手套，切断电源，在井道内工作须佩戴安全帽。站立在底坑测量时，需拍下底坑急停，以保证自身安全。使用万用表蜂鸣挡检测下限位开关及线路是否损坏

续表

下限位检测	注意事项及要求
 图 3-34　使用卷尺测量撞弓与开关之间的距离	佩戴绝缘手套，切断电源，在井道内工作须佩戴安全帽。站立在底坑测量时，需拍下底坑急停，以保证自身安全

任务 3-5-3　下强迫换速故障分析及解决方法

任务描述：下强迫换速开关是电梯失控有可能造成蹲底时的第一道防线。一般下强迫换速开关安装在井道的顶部。当电梯失控轿厢已到底层而不能减速停车时，装在轿厢上的撞弓与强迫换速开关的碰轮相接触并发出指令信号，迫使电梯减速运行。故障现象、主要原因及排除方法见表 3-5-5。具体检测步骤、注意事项及要求见表 3-5-6。

表 3-5-5　故障现象、主要原因及排除方法

故障现象	主要原因	排除方法
电梯主板收不到下强迫换速信号，电梯运行至底层平层时无法正常减速，主板报故障，电梯停止运行	（1）下强迫换速开关损坏	使用万用表蜂鸣挡检测下强迫换速开关本身及线路是否存在虚接或损坏情况；当轿厢撞弓刚刚接触换速开关时，使用卷尺测量层门地坎与轿厢地坎之间的距离，根据实际速度确定换速距离；加强日常维护保养，及时更换易损件
	（2）线路存在虚接或断路	
	（3）换速距离太近或太远	

表 3-5-6　具体检测步骤、注意事项及要求

下强迫换速检测	注意事项及要求
 图 3-35　检测下强迫换速开关	佩戴绝缘手套，切断电源，在井道内工作须佩戴安全帽，以保证自身安全。使用万用表蜂鸣挡检测下强迫换速开关及线路是否损坏
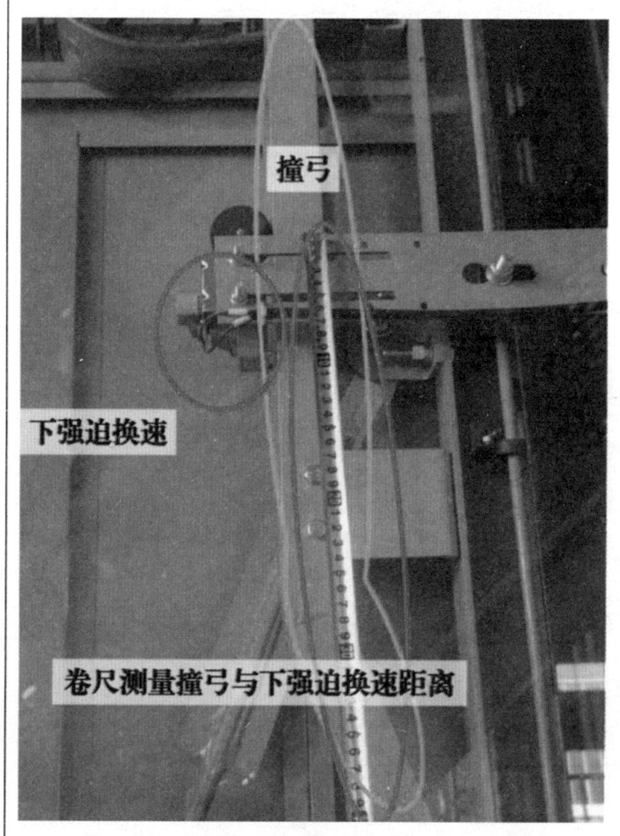 图 3-36　使用卷尺测量撞弓与开关之间的距离	佩戴防护手套，使用卷尺测量换速距离时，避免人横跨在轿厢和层站之间，以防剪切事故的发生

项目 3-6　平层感应器隔磁板、曳引钢丝绳故障分析及解决方法

项目概述：本项目包括 2 个任务，主要涉及电梯平层与钢丝绳的相关问题。其目标是：使学员掌握平层感应器隔磁板、曳引钢丝绳出现故障时的分析思路及解决方法。通过对上述故障的排查分析，提高学员解决电梯平层故障问题的能力。同时，培养学员分析问题和解决问题的能力，使学员掌握必备的操作知识和技能，养成良好的学习习惯。

任务 3-6-1　平层感应器隔磁板故障分析及解决方法

任务描述：平层传感器，又叫平层感应装置，它由干簧管（又叫干簧感应器）及平层板等组成，感应器装在轿厢顶上，平层板装在井道每一层站平层位置附近。轿厢进入平层区，平层板即与感应器插对，接通或切断有关控制电路，起到自动平层和停车开门的作用。一般设置四个平层感应器，按照从上至下的顺序排列，分别为上平层、上门区、下门区、下平层，分别输入给主板不同的信号。故障现象、主要原因及排除方法见表 3-6-1。具体检测步骤、注意事项及要求见表 3-6-2。

表 3-6-1　故障现象、主要原因及排除方法

故障现象	主要原因	排除方法
电梯轿厢不能平层或平层之后层门地坎与轿门地坎之间的距离太大，平层精度低	（1）平层感应器隔磁板松动移位	观察当轿厢平层停车时，隔磁板是否完全插入平层感应器；使用万用表检测平层感应器开关本身或线路是否有问题
	（2）平层感应器线路损坏，导致缺失其中一个信号	
	（3）制动器间隙太大或太小，导致制动力过大或过小	

表 3-6-2　具体检测步骤、注意事项及要求

平层感应器隔磁板检测	注意事项及要求
 图 3-37　平层后隔磁板两端不均匀	检查平层隔磁板是否位于平层感应器中心位置，防止平层时平层隔磁板与平层感应器发生碰撞
 图 3-38　调节隔磁板位置	佩戴防护手套，使用卷尺测量层门地坎与轿门地坎之间的距离，使用正确规格的扳手调整平层感应器隔磁板的距离。站立在轿顶调整隔磁板时，需按下轿顶急停，且身体不要探出护栏外

任务 3-6-2　曳引钢丝绳故障分析及解决方法

任务描述：曳引钢丝绳，也称曳引绳，是电梯上专用的钢丝绳。其功能是连接轿厢和对重装置，并被曳引机驱动，使轿厢升降。它承载着轿厢自重、对重装置自重、额定载重量及驱动力和制动力的总和。故障现象、主要原因及排除方法见表 3-6-3。具体检测步骤、注意事项及要求见表 3-6-4。

表 3-6-3　故障现象、主要原因及排除方法

故障现象	主要原因	排除方法
电梯运行时有摩擦响声；电梯运行时舒适度太差，轿厢能够感觉出明显抖动	（1）曳引轮绳槽不均匀磨损，失去原有形状	站在轿顶检修运行，分别检查轿厢端和对重段的钢丝绳有无断股，使用拉力器测量每根钢丝绳的张力，不得大于平均值的 5%
	（2）曳引钢丝绳有断股，甚至严重断丝	
	（3）曳引钢丝绳之间的张力不均匀	

表 3-6-4　具体检测步骤、注意事项及要求

曳引钢丝绳检测	注意事项及要求
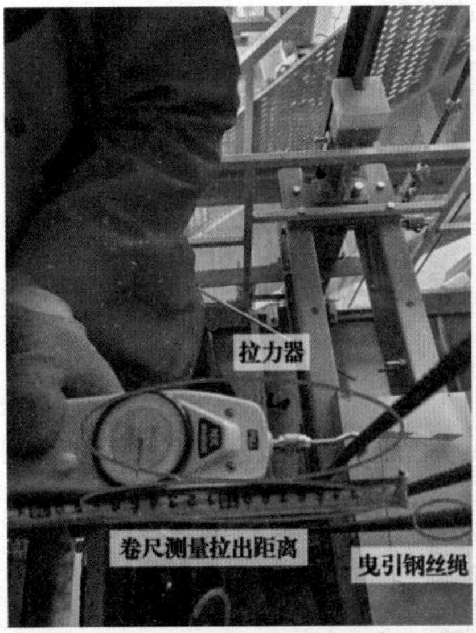 图 3-39　测量钢丝绳张力	佩戴安全帽，身体不要过分探出轿顶护栏；佩戴防护手套，防止钢丝绳断丝的地方划伤手掌

续表

曳引钢丝绳检测	注意事项及要求
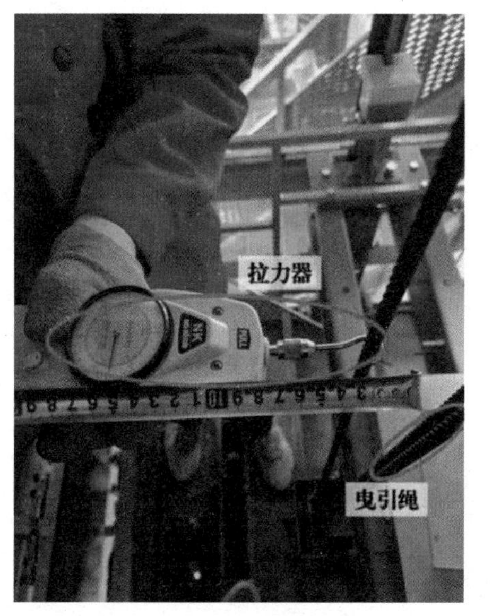 图 3-40　测量钢丝绳张力	使用拉力器测量钢丝绳张力时，一定要确保轿厢停留的位置，一般是行程上部的 2/3 处

项目 3-7　对重导靴间隙、主轨接口、对重导轨接口、平衡系数故障分析及解决方法

项目概述：本项目包括 4 个任务，主要涉及电梯轿厢和对重导靴导轨的相关问题。其目标是：使学员掌握对重导靴间隙、主轨接口、对重导轨接口、平衡系数出现故障时的分析思路及解决方法。通过对上述故障的排查分析，提高学员解决电梯导靴导轨及平衡系数方面问题的能力，同时培养学员的空间思维和想象能力，使其具备良好的职业素养和爱岗敬业意识。

任务 3-7-1　对重导靴间隙故障分析及解决方法

任务描述：对重导靴是防止对重在上下运行时发生偏斜，保证电梯平稳运行的装置。工作时，导靴的凹型槽与导轨的凸形工作面配合，使对重装置仅沿导轨上下运动，防止对重装置在运行过程中偏斜或摆动。故障现象、主要原因及排除方法见表 3-7-1。具体检测步骤、注意事项及要求见表 3-7-2。

表 3-7-1　故障现象、主要原因及排除方法

故障现象	主要原因	排除方法
对重上下运行时晃动；对重装置运行时与导轨产生摩擦声响	（1）导靴与导轨工作面之间的间隙太大 （2）导靴与导轨工作面之间的间隙太小，甚至没有间隙 （3）导靴内有沙子、石子等异物	使用卷尺或塞尺测量导靴三个工作面与导轨工作面之间的间隙；将导靴拆除，检查导靴内是否有异物卡阻

表 3-7-2　具体检测步骤、注意事项及要求

对重导靴间隙检测	注意事项及要求
图 3-41　检查导靴间隙	站立在轿顶检查对重导靴时，应佩戴安全帽，并按下轿顶急停
 图 3-42　调整对重导靴	拆除对重导靴时，应提前做好标记，防止再次安装时间隙不均。切勿两端导靴同时拆除，应轮流拆除检查

任务 3-7-2　主轨接口故障分析及解决方法

任务描述：每根导轨的长度一般为 3～5m，所以导轨的两端要加工成凹凸型的榫头与榫槽切合定位。由于在加工时很难做到完全位于导轨横截面的中心线上，在对接时难免会出现台阶。故障现象、主要原因及排除方法见表 3-7-3。具体检测步骤、注意事项及要求见表 3-7-4。

表 3-7-3　故障现象、主要原因及排除方法

故障现象	主要原因	排除方法
轿厢运行至导轨接口处时发生异响或晃动；导靴通过时阻力增大，甚至不能通过	（1）导轨接头处台阶太大	在轿顶检修运行，仔细检查每两根导轨接头处的台阶，如果大于 0.05mm，则需要使用刨刀修光，修光长度不小于 300mm；检查导轨连接板处的螺钉有无松动，并紧固；加强日常维护保养
	（2）导轨连接板螺钉松动	

表 3-7-4　具体检测步骤、注意事项及要求

主轨接口检测	注意事项及要求
图 3-43　接头处有明显台阶	佩戴安全帽、防护手套，并戴好护目镜，防止修光导轨时的铁屑进入眼睛造成损伤
图 3-44　使用扳手调节连接板	佩戴防护手套、安全帽，选用正确规格的扳手紧固导轨连接板

任务 3-7-3　对重导轨接口故障分析及解决方法

任务描述：每根导轨的长度一般为 3～5m，所以导轨的两端要加工成凹凸型的榫头与榫槽切合定位。但是在加工时很难做到完全位于导轨横截面的中心线上，在对接时难免会出现台阶。故障现象、主要原因及排除方法见表 3-7-5。具体检测步骤、注意事项及要求见表 3-7-6。

表 3-7-5　故障现象、主要原因及排除方法

故障现象	主要原因	排除方法
对重运行至导轨接口处时，发生异响或晃动；导靴通过时阻力增大，甚至不能通过	（1）导轨接头处台阶太大	在轿顶检修运行，仔细检查每两根导轨接头处的台阶，如果大于 0.05mm，则需要使用刨刀修光，修光长度不小于 300mm；检查导轨连接板处的螺钉有无松动，并紧固；加强日常维护保养
	（2）导轨连接板螺钉松动	

表 3-7-6　具体检测步骤、注意事项及要求

对重导轨接口检测	注意事项及要求
图 3-45　接头处有明显台阶	佩戴安全帽、防护手套，并戴好护目镜，防止修光导轨时的铁屑进入眼睛造成损伤
图 3-46　调节连接板	佩戴防护手套、安全帽，选用正确规格的扳手紧固导轨连接板

任务 3-7-4　平衡系数故障分析及解决方法

任务描述：平衡系数是电梯部件（轿厢系统与对重系统）重量相互比例关系的一个量值。可以理解为对重装置与轿厢自重之差除以电梯的额定载荷。GB/T 10058—2009《电梯技术条件》中规定电梯平衡系数应在 0.4～0.5 范围内。故障现象、主要原因及排除方法见表 3-7-7。相关资料见表 3-7-8。

表 3-7-7　故障现象、主要原因及排除方法

故障现象	主要原因	排除方法
电梯曳引钢丝绳打滑或轿厢超速向上向下运行	（1）对重侧重量过轻	按照国家标准要求范围重新做电梯平衡系数试验
	（2）对重侧重量过重	
	（3）导靴与导轨间隙过小，导致摩擦力增大	

表 3-7-8　相关资料

平衡系数检测
平衡系数试验操作步骤： 轿厢分别装载额定载重量的 30%、40%、45%、50%、60%砝码或标准重，作业人员在机房（或控制柜侧）操纵电梯以正常速度做上、下行全程运行，中间不允许停靠，当轿厢和对重运行到同一水平位置时（可以在曳引绳上标记此位置，一般使用黄漆），用钳形电流表分别记录电梯每次运行至此位置的电源侧电流值（电源进线 L1、L2、L3 任意一根，切勿测量电动机电源 UVW 端），绘制电流-负荷曲线，以上、下运行曲线的交点确定平衡系数。 电梯平衡系数应调整至 40%～50%范围内（为保证电梯的重载运输能力，一般调整为 47%），不足 40%增加配重调整，大于 50%减少配重调整，并重复上述操作，直至平衡系数符合国家标准要求。 平衡系数曲线如图 3-47 所示，平衡系数电流表读数如图 3-48 所示。

续表

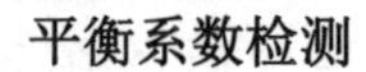

平衡系数检测

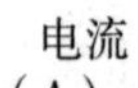

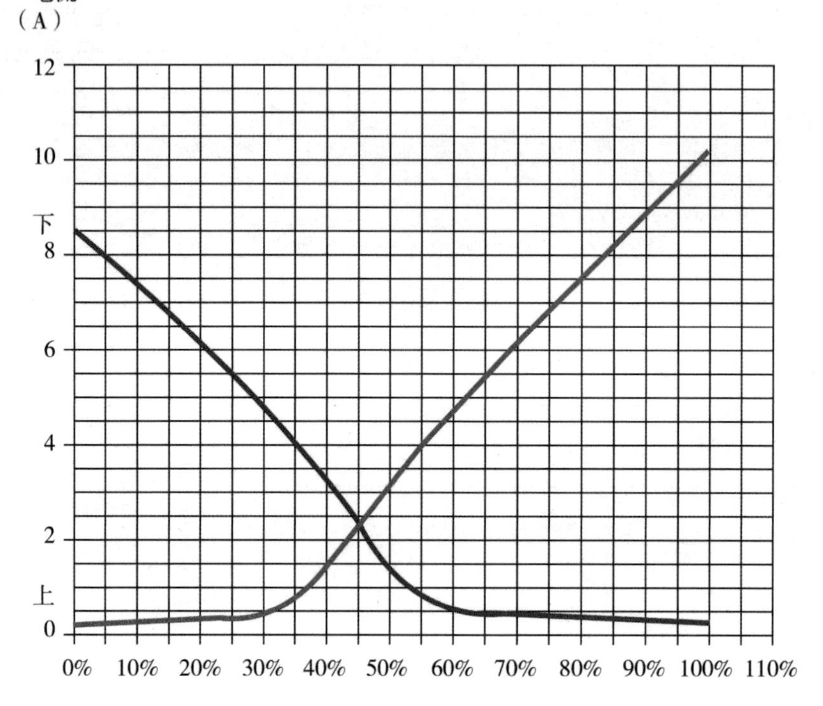

图 3-47　平衡系数曲线

载荷/额载	上行电流/A	下行电流/A
0%	0.3	8.5
30%	0.5	4.9
40%	1.5	3.3
45%	2.4	2.4
50%	3.2	1.4
60%	4.8	0.6
100%	10.2	0.3

图 3-48　平衡系数电流表读数

模块 4　轿厢故障

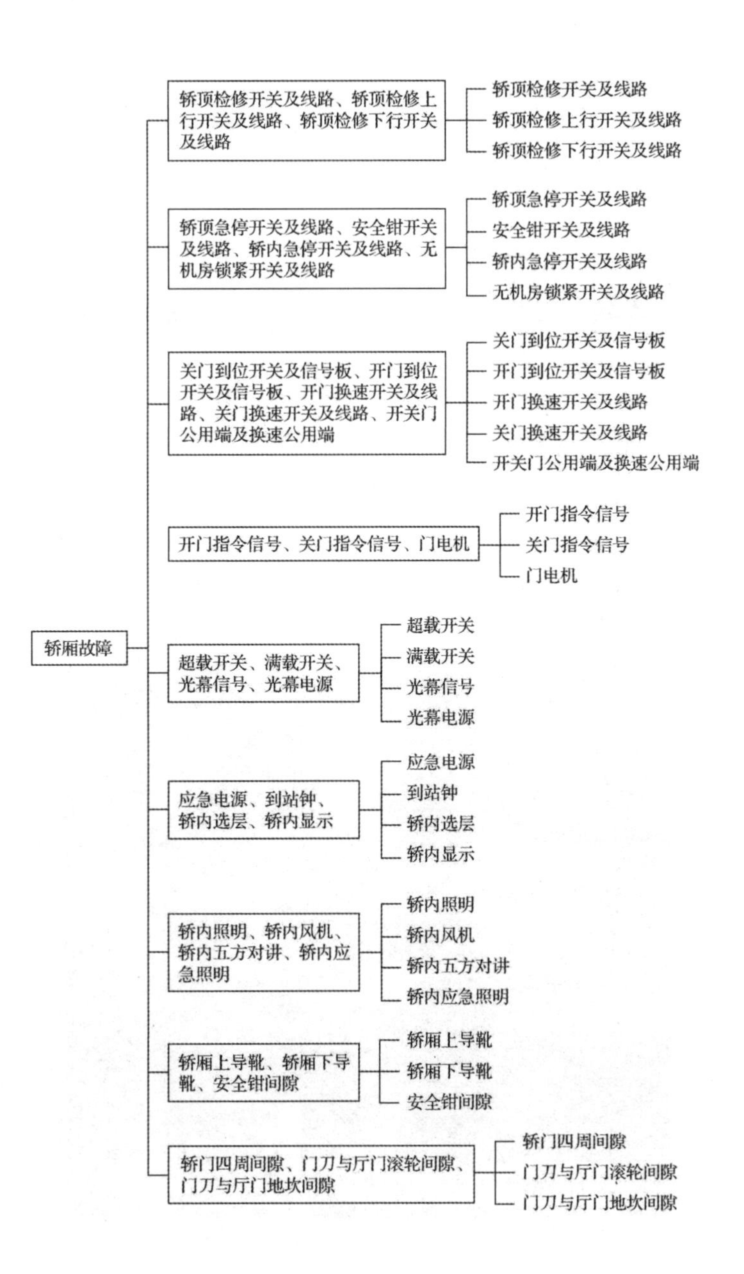

轿厢故障
轿顶检修开关及线路、轿顶检修上行开关及线路、轿顶检修下行开关及线路
轿顶检修开关及线路
轿顶检修上行开关及线路
轿顶检修下行开关及线路
轿顶急停开关及线路、安全钳开关及线路、轿内急停开关及线路、无机房锁紧开关及线路
轿顶急停开关及线路
安全钳开关及线路
轿内急停开关及线路
无机房锁紧开关及线路
关门到位开关及信号板、开门到位开关及信号板、开门换速开关及线路、关门换速开关及线路、开关门公用端及换速公用端
关门到位开关及信号板
开门到位开关及信号板
开门换速开关及线路
关门换速开关及线路
开关门公用端及换速公用端
开门指令信号、关门指令信号、门电机
开门指令信号
关门指令信号
门电机
超载开关、满载开关、光幕信号、光幕电源
超载开关
满载开关
光幕信号
光幕电源
应急电源、到站钟、轿内选层、轿内显示
应急电源
到站钟
轿内选层
轿内显示
轿内照明、轿内风机、轿内五方对讲、轿内应急照明
轿内照明
轿内风机
轿内五方对讲
轿内应急照明
轿厢上导靴、轿厢下导靴、安全钳间隙
轿厢上导靴
轿厢下导靴
安全钳间隙
轿门四周间隙、门刀与厅门滚轮间隙、门刀与厅门地坎间隙
轿门四周间隙
门刀与厅门滚轮间隙
门刀与厅门地坎间隙

情境引入

小刘是某养老公寓的物业负责人，某天早上 8 点他刚上班，就见 2 号楼 3 单元好几位业主结伴而来，几位大爷大妈着急地跟他说：“昨天半夜电梯闹鬼了，大半夜来回跑，叮叮咚咚特别吓人……”“是啊，一开始还以为是谁晚回来了，结果响了很长时间……”“昨天晚上可吓坏我了，小刘啊，你赶紧找维修师傅看一下怎么回事……”。

请同学们分析一下，此次“闹鬼”事件中的“真凶”是谁？

项目 4-1　轿顶检修开关及线路、轿顶检修上行开关及线路、轿顶检修下行开关及线路故障分析及解决方法

项目概述：本项目包括 3 个任务，主要涉及电梯轿顶检修方面的相关问题（图 4-1）。其目标是：使学员掌握电梯轿顶检修、轿顶检修上行、轿顶检修下行出现故障时的分析思路及解决办法。通过对上述故障的排查分析，提高学员解决电梯轿顶检修回路问题的能力，同时培养学员求真务实、严肃认真的科学态度和工作作风，以及安全用电意识。

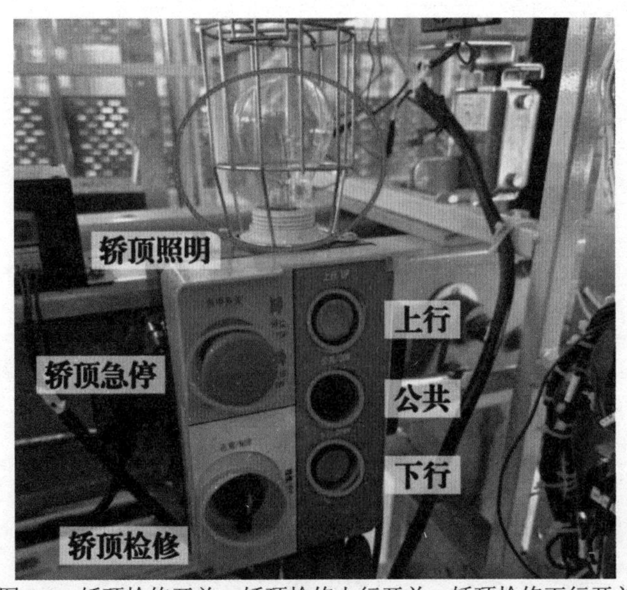

图 4-1　轿顶检修开关、轿顶检修上行开关、轿顶检修下行开关

任务 4-1-1　轿顶检修开关及线路故障分析及解决方法

任务描述：轿顶检修开关用于电梯“运行”状态与“检修”状态之间的切换。当轿顶检修开关转换到“运行”状态时，电梯可以正常工作，响应内选和外呼指令，并且能够运行高速；当轿顶检修开关转换到“检修”状态时，电梯不响应内选和外呼指令，也不能运行高速，同时电梯以安全的检修速度运行，利于检修人员对电梯实施检修和保养工作。故障现象、主要原因及排除方法见表 4-1-1。具体检测步骤、注意事项及要求见表 4-1-2。

轿顶检修故障

表 4-1-1　故障现象、主要原因及排除方法

<table>
<tr><th>故障现象</th><th>主要原因</th><th>排除方法</th></tr>
<tr><td rowspan="4">电梯主板丢失检修信号，维修人员无法在轿顶检修运行</td><td>（1）轿顶检修开关线路断开</td><td rowspan="4">根据任务2-1-5确定24V供电正常；使用万用表蜂鸣挡检测检修开关本身及线路是否有问题；加强日常维护保养，及时更换易损件</td></tr>
<tr><td>（2）轿顶检修转换开关损坏</td></tr>
<tr><td>（3）检修回路无供电电压</td></tr>
<tr><td>（4）随行电缆至轿顶检修箱线路断开</td></tr>
</table>

表 4-1-2　具体检测步骤、注意事项及要求

轿顶检修开关及线路检测	注意事项及要求
图 4-2　检测开关本身及线路	佩戴安全帽和绝缘手套，切断电源，选用万用表正确挡位（蜂鸣挡）检测检修开关及线路

续表

轿顶检修开关及线路检测	注意事项及要求
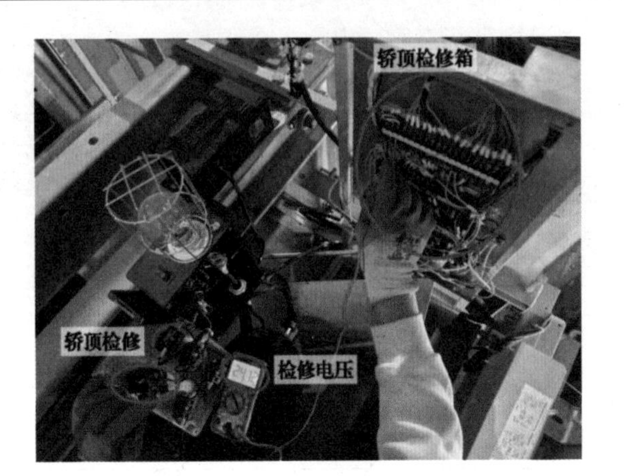 图 4-3　检测检修开关输入电压	佩戴安全帽和缘手套，选用万用表正确挡位（电压挡）测量随行电缆至轿顶检修箱有无供电电压

任务 4-1-2　轿顶检修上行开关及线路故障分析及解决方法

任务描述：轿顶检修上行开关是维修人员在井道内维修保养电梯时检修速度上行的装置。当轿顶检修开关转换至“检修”状态时，同时按住上行和公共按钮，电梯轿厢可以检修上行。TSG T7001—2023《电梯监督检验和定期检验规则》中要求，按钮应是点动，并能够防止误操作。故障现象、主要原因及排除方法见表 4-1-3。具体检测步骤、注意事项及要求见表 4-1-4。

表 4-1-3　故障现象、主要原因及排除方法

故障现象	主要原因	排除方法
维修人员在轿顶检修电梯时，按住检修上行开关，电梯不运行，同时电梯主板未收到检修上行信号	（1）检修上行开关损坏	根据任务 4-1-1 确定轿顶检修开关及线路正常，根据 2-1-5 确定 24V 供电电压正常；使用万用表蜂鸣挡检测上行开关本身是否损坏，检测检修开关至检修上行开关中间线路是否断开
	（2）检修开关至检修上行开关线路断开	
	（3）检修开关损坏	

表 4-1-4　具体检测步骤、注意事项及要求

轿顶检修上行开关及线路检测	注意事项及要求
 图 4-4　检测检修上行开关本身	佩戴安全帽和绝缘手套，切断电源，选用万用表正确挡位（蜂鸣挡）检测检修上行开关
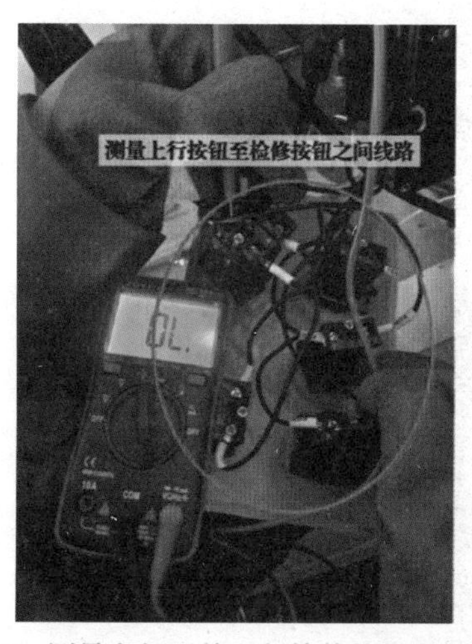 图 4-5　测量上行开关下与检修按钮之间线路	佩戴安全帽和绝缘手套，切断电源，选用万用表正确挡位（蜂鸣挡）检测检修开关至检修上行开关中间线路

任务 4-1-3　轿顶检修下行开关及线路故障分析及解决方法

任务描述：轿顶检修下行开关是维修人员在井道内维修保养电梯时以检修速度下行的装置。当轿顶检修开关转换至“检修”状态时，同时按住下行和公共按钮，电梯轿厢可以检修下行。TSG T7001—2023《电梯监督检验和定期检

验规则》中要求，按钮应是点动，并能够防止误操作。故障现象、主要原因及排除方法见表 4-1-5。具体检测步骤、注意事项及要求见表 4-1-6。

表 4-1-5　故障现象、主要原因及排除方法

故障现象	主要原因	排除方法
维修人员在轿顶检修电梯时，按住检修下行开关，电梯不运行，同时电梯主板未收到检修下行信号	（1）检修下行开关损坏	根据任务 4-1-1 确定轿顶检修开关及线路正常，根据任务 2-1-5 确定 24V 供电电压正常；使用万用表蜂鸣挡检测下行开关本身是否损坏，测量检修开关至检修下行开关中间线路是否断开
	（2）检修开关至检修下行开关线路断开	
	（3）检修开关损坏	

表 4-1-6　具体检测步骤、注意事项及要求

轿顶检修下行开关及线路检测	注意事项及要求
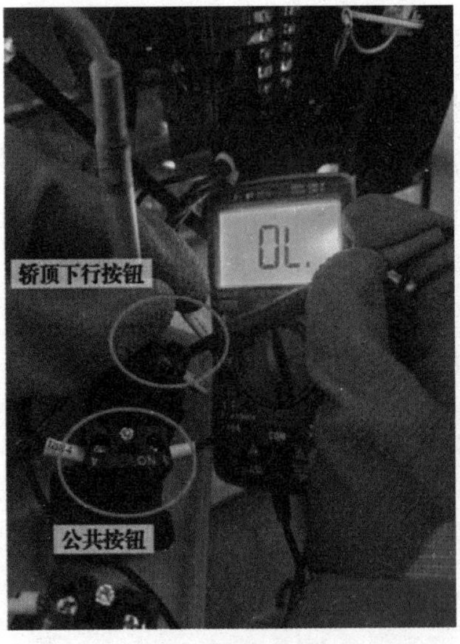 图 4-6　检测轿顶下行开关本身	佩戴安全帽和绝缘手套，切断电源，选用万用表正确挡位（蜂鸣挡）检测检修下行开关

续表

轿顶检修下行开关及线路检测	注意事项及要求
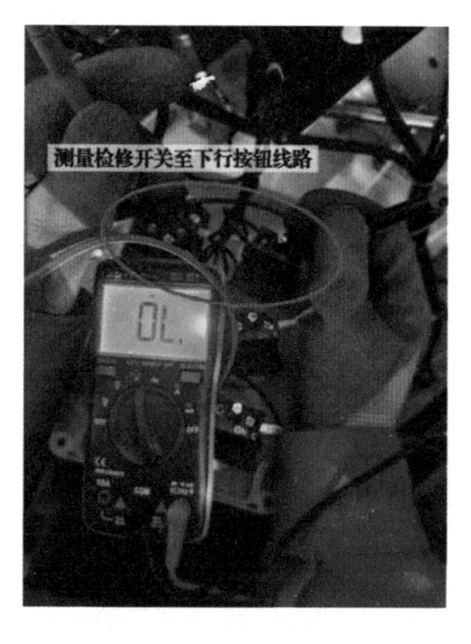 图 4-7　检测检修下行开关至检修开关之间线路	佩戴安全帽和绝缘手套，切断电源，选用万用表正确挡位（蜂鸣挡）检测检修开关至检修下行开关中间线路

项目 4-2　轿顶急停开关及线路、安全钳开关及线路、轿内急停开关及线路、无机房锁紧开关及线路故障分析及解决方法

项目概述：本项目包括 4 个任务，主要涉及电梯轿顶安全回路方面的相关问题。其目标是：使学员掌握电梯轿顶急停开关、安全钳、轿内急停开关、无机房锁紧开关及线路出现故障时的分析思路及解决办法。通过对上述故障的排查分析，提高学员解决电梯轿顶部分安全回路问题的能力，同时帮助学员养成良好的职业习惯和积极克服学习困难的意志品质。

任务 4-2-1　轿顶急停开关及线路故障分析及解决方法

任务描述：轿顶急停开关是维修人员站立在轿顶维修保养轿顶或井道内各部件时的重要安全装置。当轿顶急停断开时，电梯整条安全回路断开，电梯主板丢失安全回路信号，电梯不运行。故障现象、主要原因及排除方法见表 4-2-1。具体检测步骤、注意事项及要求见表 4-2-2。

表 4-2-1　故障现象、主要原因及排除方法

故障现象	主要原因	排除方法
安全回路断开，电梯主板丢失安全回路信号，电梯不运行	（1）安全回路无输入电压	根据任务 2-1-4 确定安全回路输入电压是否有问题；使用万用表测量开关本身通路；使用万用表测量轿顶检修箱至轿顶急停开关线路是否有断路情况
	（2）轿顶急停开关损坏	
	（3）轿顶急停开关线路断开	

表 4-2-2　具体检测步骤、注意事项及要求

轿顶急停开关及线路检测	注意事项及要求
图 4-8　检测轿顶急停开关	佩戴绝缘手套和安全帽，切断电源，选用万用表正确挡位（蜂鸣挡）检测开关本身通路情况
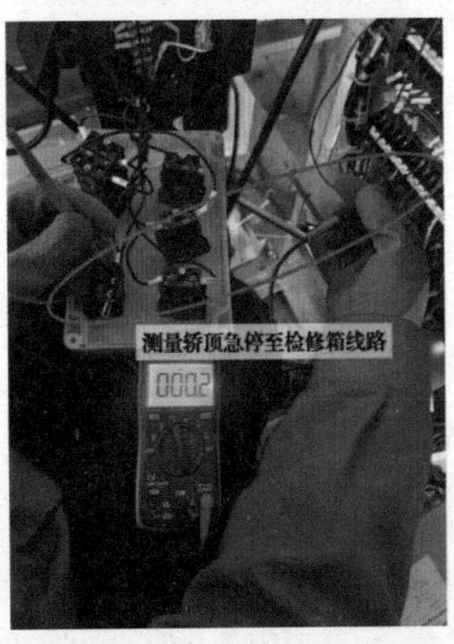 图 4-9　检测轿顶急停开关至端子排线路	佩戴绝缘手套和安全帽，切断电源，选用万用表正确挡位（蜂鸣挡）检测轿顶检修箱至轿顶急停开关线路是否存在断路

任务 4-2-2　安全钳开关及线路故障分析及解决方法

任务描述：安全钳是轿厢超速时制停轿厢的执行机构。轿厢的速度由限速器实时监测，一旦轿厢失控超速，限速器动作并触发安全钳，由安全钳将轿厢制停在导轨上，同时安全钳电气开关动作，切断安全回路，电梯无法继续运行。故障现象、主要原因及排除方法见表 4-2-3。具体检测步骤、注意事项及要求见表 4-2-4。

表 4-2-3　故障现象、主要原因及排除方法

故障现象	主要原因	排除方法
电梯安全回路断开，电梯主板丢失安全回路信号，电梯无法运行	（1）安全钳开关损坏	根据任务 2-1-4 判断安全回路供电电压正常。转换到紧急电动状态，运行电梯，观察安全钳开关是否动作；使用万用表测量安全钳开关及线路，及时更换易损件
	（2）安全钳开关线路断开	
	（3）安全钳联动试验后，安全钳开关未自动复位	
	（4）安全钳开关线路无供电电压	

表 4-2-4　具体检测步骤、注意事项及要求

安全钳开关及线路检测	注意事项及要求
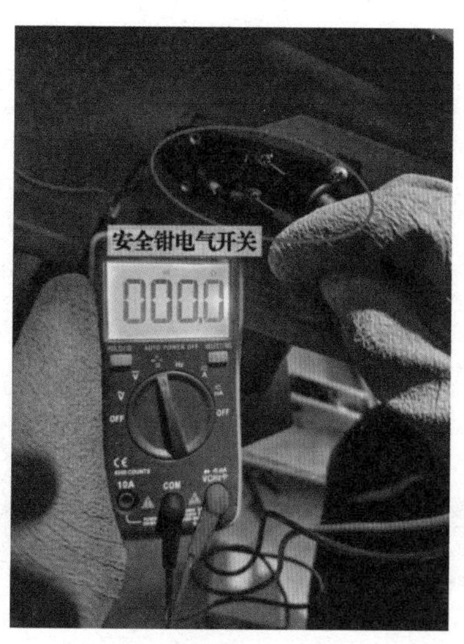 图 4-10　检测安全钳开关	由于安全钳开关大多数设置在轿底，维修安全钳时需两人配合。佩戴安全帽，一人在底坑，一人在轿顶检修运行电梯。底坑人员切勿站立在对重区域。佩戴绝缘手套，切断电源，选用万用表正确挡位（蜂鸣挡）检测安全钳开关及线路

任务 4-2-3　轿内急停开关及线路故障分析及解决方法

任务描述：当维修人员在轿内维修保养操纵盘内部件时，按下轿内急停开关，断开安全回路，以保证维修人员人身安全。当维修人员在轿顶进行维修保养工作时，轿内的电梯司机也可以将轿内急停开关按下，多重保障检修人员的人身安全。故障现象、主要原因及排除方法见表 4-2-5。具体检测步骤、注意事项及要求见表 4-2-6。

表 4-2-5　故障现象、主要原因及排除方法

故障现象	主要原因	排除方法
轿内急停开关故障时，安全回路断开，电梯主板丢失安全回路信号，电梯无法运行	（1）轿内急停开关线路断开或虚接松动	根据任务 2-1-4 确定安全回路供电电压正常；目测开关接线处有无松动；使用万用表检测开关本身是否损坏；检测轿顶检修箱至操纵盘端子排线路是否通路；加强日常维护保养，及时更换易损件
	（2）维修完毕后，维修人员忘记恢复轿内急停	
	（3）轿内急停开关损坏	
	（4）轿顶检修箱至轿内急停线路断开	

表 4-2-6　具体检测步骤、注意事项及要求

轿内急停开关及线路检测	注意事项及要求
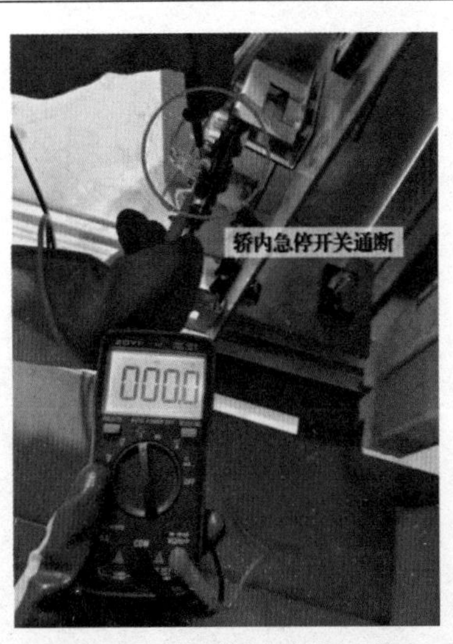 图 4-11　检测轿内急停开关	佩戴绝缘手套，切断电源，层门门口设置安全警示牌，在轿内工作时尽量将电梯停靠在最顶层，防止制动力不足发生溜车，选用万用表正确挡位检测轿内急停开关及线路

续表

轿内急停开关及线路检测	注意事项及要求
图 4-12　检测轿内急停开关至端子排线路	佩戴绝缘手套，切断电源，层门门口设置安全警示牌，在轿内工作时尽量将电梯停靠在最顶层，防止制动力不足发生溜车，选用万用表正确挡位检测轿顶检修箱至操纵盘端子排线路

任务 4-2-4　无机房锁紧开关及线路故障分析及解决方法

任务描述：无机房机械锁定装置是无机房电梯的轿顶检修安全保障。当维修人员站立在轿顶维修驱动主机、控制柜、限速器时，轿顶作为作业场地用于维修、检查工作。如果轿厢有滑动或意外失控的可能，就会对作业人员造成影响，并有可能引发事故。因此，无机房电梯设置了机械锁定装置，并增加锁紧开关断开安全回路，避免电梯轿厢危险移动，以保证电梯检修人员生命安全。故障现象、主要原因及排除方法见表 4-2-7。具体检测步骤、注意事项及要求见表 4-2-8。

表 4-2-7　故障现象、主要原因及排除方法

故障现象	主要原因	排除方法
维修人员工作锁紧机械开关时，未触发电气开关；电梯安全回路断开，主板丢失安全回路信号，电梯不运行	（1）锁紧机械开关与电气开关之间距离太远，无法正常动作	测量机械开关与电气开关之间的距离，测试机械开关能否正常触发电气开关；使用万用表检测锁紧开关本身及线路是否正常；加强日常维护保养，及时更换易损件
	（2）锁紧开关线路虚接或断开	
	（3）维修工作完成后，未手动恢复电气开关	

表 4-2-8　具体检测步骤、注意事项及要求

无机房锁紧开关检测	注意事项及要求
图 4-13　无机房锁紧开关	佩戴防护手套，轿顶工作时佩戴安全帽，选用正确规格的扳手调节机械开关与电气开关之间的距离
图 4-14　检测无机房锁紧开关	佩戴绝缘手套，轿顶工作时须佩戴安全帽，选用万用表正确挡位检测开关本身及线路

项目4-3　关门到位开关及信号板、开门到位开关及信号板、开门换速开关及线路、关门换速开关及线路、开关门公用端及换速公用端故障分析及解决方法

项目概述：本项目包括5个任务，主要涉及电梯门机开关门信号及线路方面的相关问题（图4-15）。其目标是：使学员掌握电梯关门到位、开门到位、开门换速、关门换速、开关门公用端及换速公用端出现故障时的分析思路及解决办法。通过对上述故障的排查分析，提高学员解决电梯门机上所需信号问题的能力，同时培养学员独立思考、主动学习的习惯和求真务实、精益求精的职业品质。

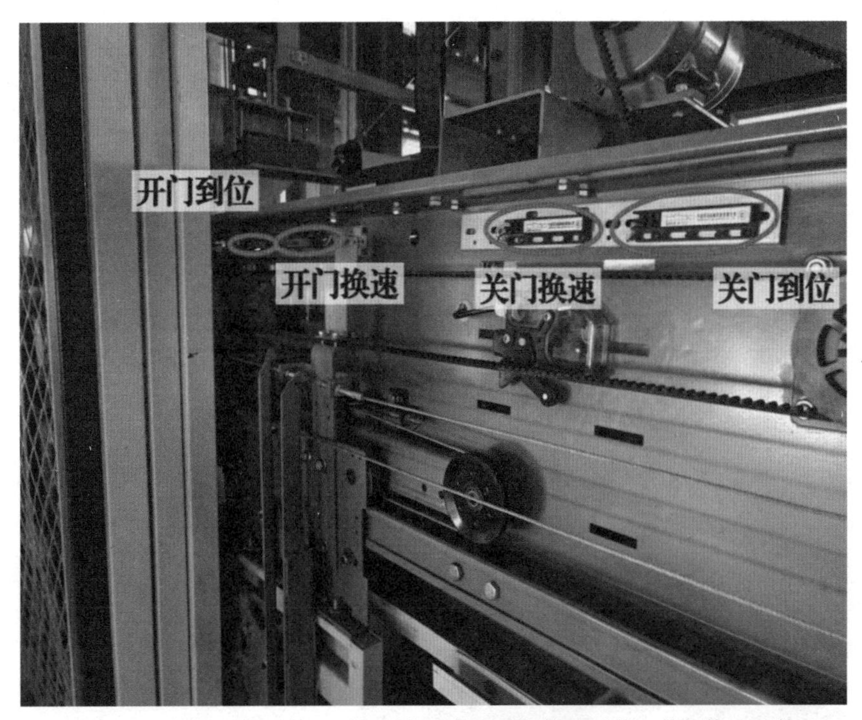

图4-15　关门到位开关、开门到位开关、开门换速开关、关门换速开关

任务4-3-1　关门到位开关及信号板故障分析及解决方法

任务描述：关门到位开关一般设置在门机装置上，多数采用双稳态开关控制。当轿门完全关闭后，安装在轿门连接板上的磁铁动作关门到位开关。开关闭合或断开（根据实际接线选用常开或常闭点），将信号传输至轿顶主板，轿

顶主板接收到关门到位信号，允许电梯运行。故障现象、主要原因及排除方法见表 4-3-1。具体检测步骤、注意事项及要求见表 4-3-2。

表 4-3-1　故障现象、主要原因及排除方法

故障现象	主要原因	排除方法
轿顶主板收不到关门到位信号，主板报关门到位故障，无法正常运行	（1）关门到位开关损坏 （2）关门到位开关线路虚接或断开 （3）关门到位继电器损坏 （4）线路无供电电压 （5）关门到位开移位	使用万用表检测关门到位开关及线路有无供电压；手动开关门检查触发磁铁与开关之间的位置；加强日常维护保养，及时更换易损件

表 4-3-2　具体检测步骤、注意事项及要求

关门到位开关及信号检测	注意事项及要求
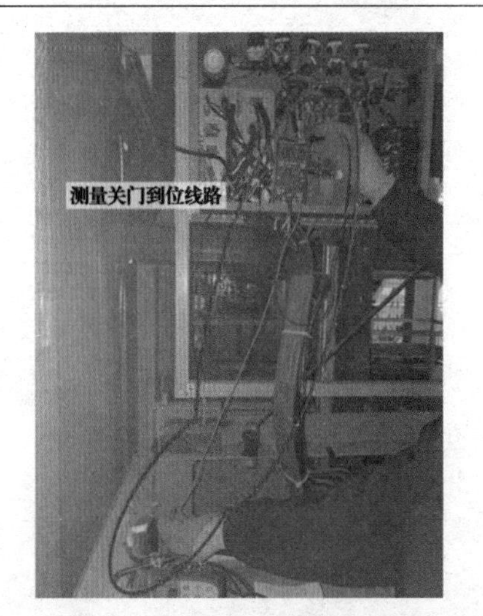 图 4-16　检测关门到位线路	佩戴安全帽和绝缘手套，检测通断时需切断电源，严禁身体横跨在轿顶与层站之间，以防发生剪切事故。选用万用表蜂鸣挡检测开关及线路通断
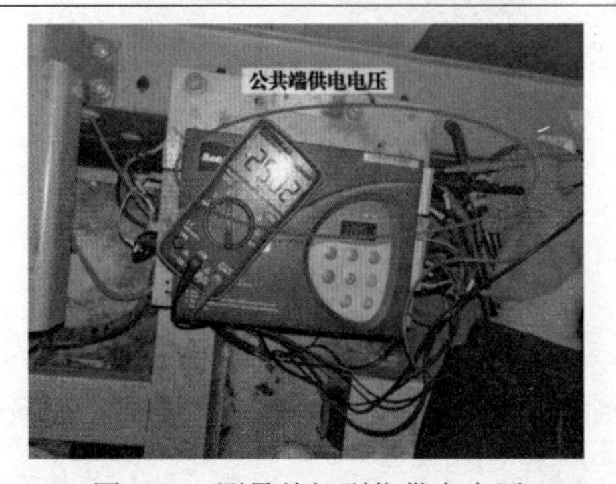 图 4-17　测量关门到位供电电压	佩戴安全帽和绝缘手套，检测通断时需切断电源，严禁身体横跨在轿顶与层站之间，以防发生剪切事故。选用万用表电压挡检测有无供电电压

任务 4-3-2　开门到位开关及信号板故障分析及解决方法

任务描述：开门到位开关一般设置在门机装置上，多数采用双稳态开关控制。当轿门完全开启后，安装在轿门连接板上的磁铁动作开门到位开关。开关闭合或断开（根据实际接线选用常开或常闭点），将信号传输至轿顶主板，轿顶主板接收到开门到位信号。故障现象、主要原因及排除方法见表 4-3-3。具体检测步骤、注意事项及要求见表 4-3-4。

表 4-3-3　故障现象、主要原因及排除方法

故障现象	主要原因	排除方法
大多数电梯收不到开门到位信号时，轿门会自动关闭，自动运行到另外的楼层再次开门去寻找有无开门到位信号；长时间收不到开门到位信号，主板会显示故障，电梯无法正常运行	（1）开门到位开关损坏 （2）开门到位开关线路虚接或断开 （3）开门到位继电器损坏 （4）线路无供电电压 （5）开门到位开关移位	使用万用表检测开门到位开关及线路有无供电压，手动开关门检查触发磁铁与开关之间的位置；加强日常维护保养，及时更换易损件

表 4-3-4　具体检测步骤、注意事项及要求

开门到位开关及信号检测	注意事项及要求
 图 4-18　检测开门到位线路	佩戴安全帽和绝缘手套，测量通断时需切断电源，严禁身体横跨在轿顶与层站之间，以防发生剪切事故。选用万用表蜂鸣挡检测开关及线路通断

续表

开门到位开关及信号检测	注意事项及要求
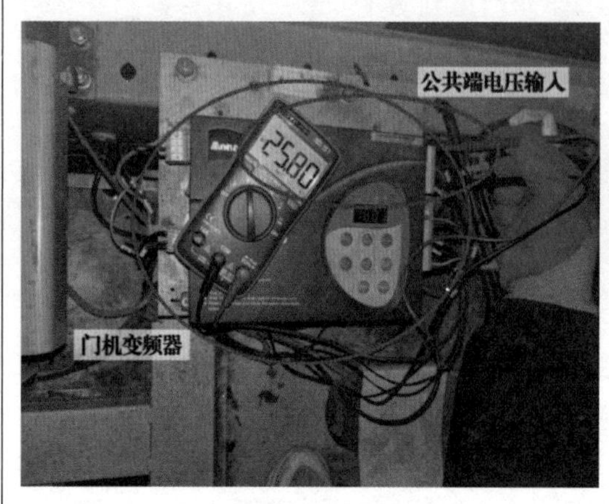 图 4-19　测量开门到位供电电压	佩戴安全帽和绝缘手套，测量通断时需切断电源，严禁身体横跨在轿顶与层站之间，以防发生剪切事故。选用万用表电压挡检测有无供电电压

任务 4-3-3　开门换速开关及线路故障分析及解决方法

任务描述：开门换速开关一般选用与到位开关相同的型号，接线不同，实现的功能则不同。开门换速是指在电梯门即将完全开启前提前进行减速，以慢速的状态完全开启电梯门。故障现象、主要原因及排除方法见表 4-3-5。具体检测步骤、注意事项及要求见表 4-3-6。

表 4-3-5　故障现象、主要原因及排除方法

故障现象	主要原因	排除方法
电梯门开启时，全程以快速或慢速进行开门，一直到完全开启	（1）开门换速开关损坏	使用万用表检测开门换速开关及线路有无断开或损坏；加强日常维护保养，及时更换易损件
	（2）开门换速开关线路虚接或断开	
	（3）开门换速开关与触发磁铁之间距离太远，未动作	

表 4-3-6　具体检测步骤、注意事项及要求

开门换速开关及线路检测	注意事项及要求
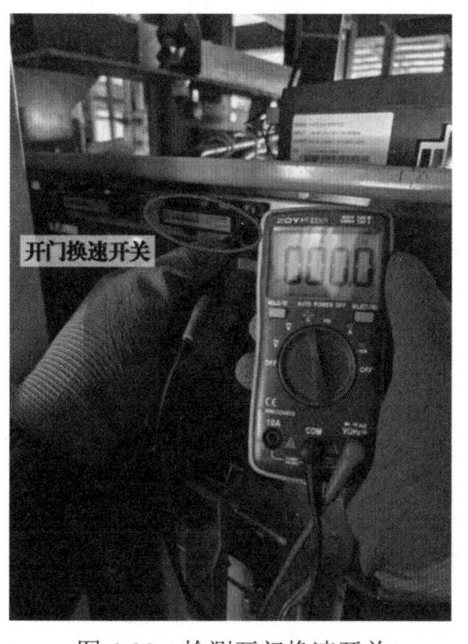图 4-20　检测开门换速开关	佩戴安全帽和绝缘手套，测量通断时需切断电源，严禁身体横跨在轿顶与层站之间，以防发生剪切事故。选用万用表蜂鸣挡检测开关及线路
图 4-21　检测开门换速至门机变频器线路	佩戴安全帽和绝缘手套，测量通断时需切断电源，严禁身体横跨在轿顶与层站之间，以防发生剪切事故。选用万用表蜂鸣挡检测换速开关与门机变频器之间的线路

任务 4-3-4　关门换速开关及线路故障分析及解决方法

任务描述：关门换速开关一般选用与到位开关相同的型号，接线不同，实现的功能则不同。关门换速是指在电梯门即将完全关闭前提前进行减速，以慢速的状态完全关闭电梯门。故障现象、主要原因及排除方法见表 4-3-7。具体检测步骤、注意事项及要求见表 4-3-8。

表 4-3-7　故障现象、主要原因及排除方法

故障现象	主要原因	排除方法
电梯门关闭时，全程以快速或慢速进行关门，直到完全关闭	（1）关门换速开关损坏	使用万用表检测关门换速开关及线路有无断开或损坏；加强日常维护保养，及时更换易损件
	（2）关门换速开关线路虚接或断开	
	（3）关门换速开关与触发磁铁之间距离太远，未动作	

表 4-3-8　具体检测步骤、注意事项及要求

关门换速开关及线路检测	注意事项及要求
图 4-22　检测关门换速开关	佩戴安全帽和绝缘手套，测量通断时需切断电源，严禁身体横跨在轿顶与层站之间，以防发生剪切事故。选用万用表蜂鸣挡检测开关及线路

续表

<table>
<tr><th>关门换速开关及线路检测</th><th>注意事项及要求</th></tr>
<tr><td>

图 4-23　检测关门换速开关至门机变频器线路</td><td>佩戴安全帽和绝缘手套，测量通断时需切断电源，严禁身体横跨在轿顶与层站之间，以防发生剪切事故。选用万用表蜂鸣挡检测换速开关与门机变频器之间的线路</td></tr>
<tr><td colspan="2">依据 GB/T 10058—2009 中对开关门时间的要求不能大于以下数值
<table>
<tr><td rowspan="2">开门方式</td><td colspan="4">开门宽度（B）/mm</td></tr>
<tr><td>B≤800</td><td>800＜B≤1000</td><td>1000＜B≤1100</td><td>1100＜B≤1300</td></tr>
<tr><td>中分自动门</td><td>3.2s</td><td>4s</td><td>4.3s</td><td>4.9s</td></tr>
<tr><td>旁开自动门</td><td>3.7s</td><td>4.3s</td><td>4.9s</td><td>5.9s</td></tr>
</table></td></tr>
</table>

任务 4-3-5　开关门公用端及换速公用端故障分析及解决方法

任务描述：开关门公用端及换速公用端为开关门到位与开关门换速四个开关提供电源，开关动作后将信号传输至主板继电器和主板信号灯。故障现象、主要原因及排除方法见表 4-3-9。具体检测步骤、注意事项及要求见表 4-3-10。

表 4-3-9　故障现象、主要原因及排除方法

<table>
<tr><th>故障现象</th><th>主要原因</th><th>排除方法</th></tr>
<tr><td rowspan="3">轿顶主板同时丢失开门到位和关门到位两个信号，通过通信电缆传输至主板，主板报故障，电梯不允许运行</td><td>（1）公共端无供电电源</td><td rowspan="3">根据任务 2-1-5 确定控制柜开关电源有 DC 24V 电压输出；检测轿顶检修箱公共端处有无电压；检测检修箱至变频器、变频器至开关线路通断情况</td></tr>
<tr><td>（2）轿顶检修箱至门机变频器线路断开或虚接</td></tr>
<tr><td>（3）门机变频器至四个检测开关线路虚接或断开</td></tr>
</table>

表 4-3-10　具体检测步骤、注意事项及要求

开关门公用端及换速公用端检测	注意事项及要求
 图 4-24　检测公共端输入电压	佩戴安全帽和绝缘手套，测量通断时需切断电源，严禁身体横跨在轿顶与层站之间，以防发生剪切事故。选用万用表正确挡位检测有无电压输入
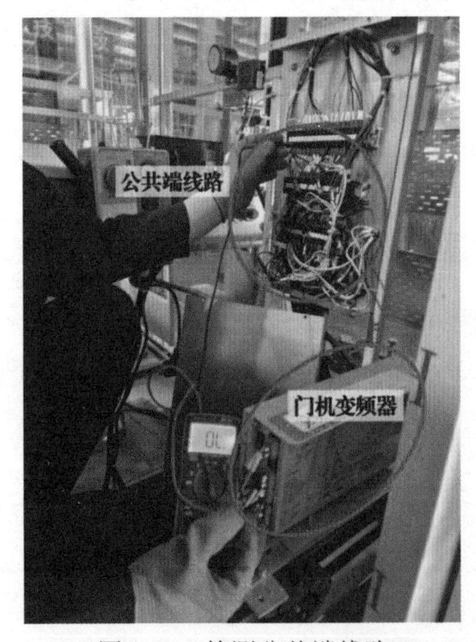 图 4-25　检测公共端线路	佩戴安全帽和绝缘手套，测量通断时需切断电源，严禁身体横跨在轿顶与层站之间，以防发生剪切事故。选用万用表正确挡位检测各条线路有无断路或虚接情况

项目 4-4　开门指令信号、关门指令信号、门电机故障分析及解决方法

项目概述：本项目包括 3 个任务，主要涉及电梯门机开关门信号及控制方面的相关问题。其目标是：使学员掌握电梯开门指令、关门指令、门电机出现故障时的分析思路及解决办法。通过对上述故障的排查分析，提高学员解决电梯控制开关门指令方面问题的能力，同时培养学员面对问题时的分析能力和解决能力，培养学员吃苦耐劳的精神和服从意识。

任务 4-4-1　开门指令信号故障分析及解决办法

任务描述：开门指令信号是电梯自动门到站平层后，由轿顶板输出至门机变频器，门机变频器控制门电机旋转达到自动开门的装置。故障现象、主要原因及排除方法见表 4-4-1。具体检测步骤、注意事项及要求见表 4-4-2。

表 4-4-1　故障现象、主要原因及排除方法

故障现象	主要原因	排除方法
电梯到站平层后不开门；按操纵盘内开门按钮，不开门	（1）轿顶板输出开门指令继电器损坏 （2）轿顶板至门机变频器线路断开 （3）操纵盘开门按钮损坏 （4）操纵盘开门按钮线路断开 （5）开门按钮至指令板中间线路断开	使用万用表检测轿顶板至门机变频器线路，使用万用表检测轿顶板开门继电器是否损坏，使用十字螺钉旋具或扳手打开操纵盘检查开门按钮线路，及时更换易损件

表 4-4-2　具体检测步骤、注意事项及要求

开门指令信号检测	注意事项及要求
 图 4-26　检测开门输出指令至门机变频器线路	佩戴安全帽和绝缘手套，选用万用表正确挡位检测轿顶板与门机变频器之间的线路通断以及有无电压输入
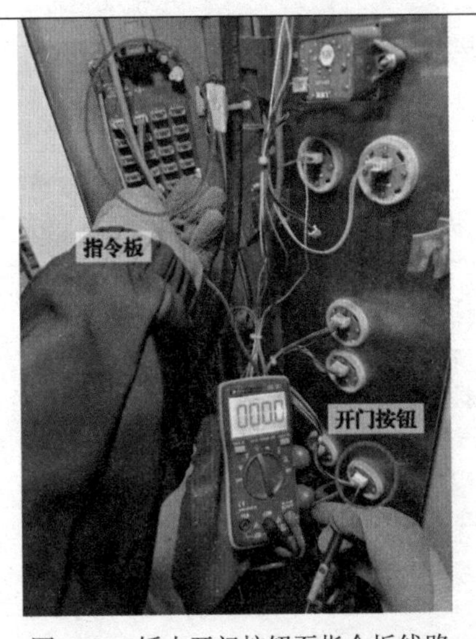 图 4-27　轿内开门按钮至指令板线路	佩戴安全帽和绝缘手套，在轿内工作时尽量将电梯停靠在最顶层，防止溜车。选用万用表正确挡位检测开门按钮开关及线路

任务 4-4-2　关门指令信号故障分析及解决办法

任务描述：电梯检测到开门时间或多长时间没有乘客进入轿内时（参数可以自定义设置，一般设置为 3.5s 左右），轿顶板输出关门指令信号给门机变频器，门机变频器控制门电机旋转，从而关门。故障现象、主要原因及排除方法见表 4-4-3。具体检测步骤、注意事项及要求见表 4-4-4。

表 4-4-3　故障现象、主要原因及排除方法

<table>
<tr><th>故障现象</th><th>主要原因</th><th>排除方法</th></tr>
<tr><td rowspan="6">电梯停靠在层站平层，长时间不自动关门；按操纵盘关门按钮，依然不自动关门</td><td>（1）轿顶板输出关门指令继电器损坏</td><td rowspan="6">根据任务 4-5-3 确定光幕没有问题；使用万用表检测轿顶板至门机变频器线路；使用万用表检测轿顶板关门继电器是否损坏；使用十字螺钉旋具或扳手打开操纵盘，检查关门按钮线路；及时更换易损件</td></tr>
<tr><td>（2）轿顶板至门机变频器线路断开</td></tr>
<tr><td>（3）操纵盘关门按钮损坏</td></tr>
<tr><td>（4）操纵盘关门按钮线路断开</td></tr>
<tr><td>（5）关门按钮至指令板中间线路断开</td></tr>
<tr><td>（6）光幕损坏</td></tr>
</table>

表 4-4-4　具体检测步骤、注意事项及要求

<table>
<tr><th>关门指令信号检测</th><th>注意事项及要求</th></tr>
<tr><td>

图 4-28　检测关门输出指令至门机变频器线路</td><td>佩戴安全帽和绝缘手套，选用万用表正确挡位检测轿顶板与门机变频器之间的线路通断以及有无电压输入</td></tr>
<tr><td>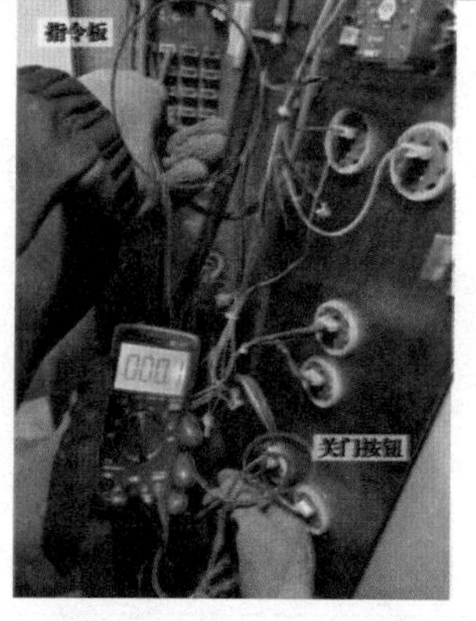

图 4-29　检测轿内关门按钮至指令板线路</td><td>佩戴安全帽和绝缘手套，在轿内工作时尽量将电梯停靠在最顶层，防止溜车。选用万用表正确挡位检测关门按钮开关及线路</td></tr>
</table>

任务 4-4-3　门电机故障分析及解决办法

任务描述：由门机变频器驱动门电机完成电梯轿门开关动作。故障现象、主要原因及排除方法见表 4-4-5。具体检测步骤、注意事项及要求见表 4-4-6。

表 4-4-5　故障现象、主要原因及排除方法

故障现象	主要原因	排除方法
轿顶板输出开关门指令信号后，门电机不工作，导致电梯无法正常开关门	（1）门电机损坏	测量门电机 UVW 三相线路之间的阻值，判断门电机是否损坏；使用万用表检测门电机相序是否存在缺相或错相
	（2）门机变频器损坏，未输出控制门电机	
	（3）门电机接线错相	
	（4）门电机接线缺相	

表 4-4-6　具体检测步骤、注意事项及要求

门电机检测	注意事项及要求
图 4-30　测量门电机阻值	佩戴绝缘手套，切断电源。选用万用表正确挡位（欧姆挡）测量门电机三根相线的阻值

续表

门电机检测	注意事项及要求
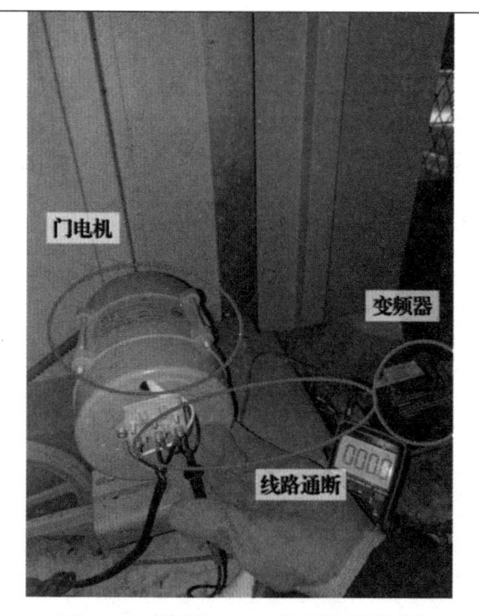 图 4-31　检测 UVW 有无断相缺相	佩戴绝缘手套，切断电源。选用万用表正确挡位（蜂鸣挡）检测门机变频器至门电机线路有无缺相或错相

项目 4-5　超载开关、满载开关、光幕信号、光幕电源故障分析及解决方法

项目概述：本项目包括 4 个任务，主要涉及电梯超满载及防夹装置方面的相关问题。其目标是：使学员掌握电梯超满载开关、光幕出现故障时的分析思路及解决办法。通过对上述故障的排查分析，提高学员解决电梯不关门无法正常运行方面问题的能力，同时帮助学员养成善于动脑、勤于思考，及时发现问题、解决问题的能力。

任务 4-5-1　超载开关故障分析及解决方法

任务描述：超载开关是通过检测轿内人员或货物重量，从而达到保护轿厢目的的安全保护装置。当轿内实际载重量超过额定载重量 110%时，超载开关输出，电梯无法运行。超载开关一般安装在轿顶、轿底或机房绳头板处。故障现象、主要原因及排除方法见表 4-5-1。具体检测步骤、注意事项及要求见表 4-5-2。

表 4-5-1　故障现象、主要原因及排除方法

故障现象	主要原因	排除方法
电梯不关门，并发出报警响声，无法运行	（1）超载开关与检测磁铁之间距离太近，误动作	使用万用表检测超载开关线路是否断开；检查轿顶板或主板是否丢失超载信号（超载信号一般接常闭点）；检查开关与触发磁铁之间的间隙；加强日常维护保养，及时更换易损件
	（2）超载开关线路断开	
	（3）轿内人员或货物超重	

表 4-5-2　具体检测步骤、注意事项及要求

超载开关检测	注意事项及要求
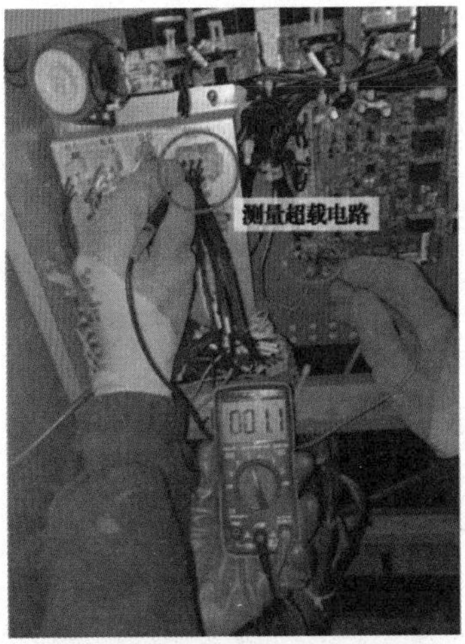 图 4-32　检测超载信号线路	佩戴绝缘手套，切断电源，检测超载开关与主板端子处线路是否断开
 图 4-33　检查超载开关与动作磁铁之间的间隙	佩戴防护手套，检查超载开关与动作磁铁之间的间隙

任务 4-5-2　满载开关故障分析及解决方法

任务描述：满载开关是通过检测轿内人员或货物重量，从而达到保护轿厢目的的安全保护装置。当轿内实际载重量超过额定载重量 80%～90%时，满载开关输出，电梯只响应内选信号，不响应外呼信号。满载开关一般安装在轿顶、轿底或机房绳头板处。故障现象、主要原因及排除方法见表 4-5-3。具体检测步骤、注意事项及要求见表 4-5-4。

表 4-5-3　故障现象、主要原因及排除方法

故障现象	主要原因	排除方法
电梯正常上下运行，但层站人员无法使用外呼按钮使用电梯，电梯只响应内选信号	（1）满载开关与检测磁铁之间距离太近，误动作	使用万用表检测满载开关线路是否断开；检查轿顶板或主板是否丢失满载信号；检查开关与触发磁铁之间的间隙；加强日常维护保养，及时更换易损件
	（2）满载开关线路断开	
	（3）轿内人员或货物重量达到满载开关动作范围	

表 4-5-4　具体检测步骤、注意事项及要求

满载开关检测	注意事项及要求
图 4-34　检测满载信号线路	佩戴绝缘手套，切断电源，检测满载开关与主板端子处线路是否断开

续表

满载开关检测	注意事项及要求
图 4-35　检查满载开关与动作磁铁之间的间隙	佩戴防护手套，检查满载开关与动作磁铁之间的间隙

任务 4-5-3　光幕信号故障分析及解决方法

光幕信号故障

任务描述：当有人员或货物遮挡光幕时，光幕将信号传输至轿顶板或主板，使轿顶板不输出关门信号，从而达到不关门的目的。故障现象、主要原因及排除方法见表 4-5-5。具体检测步骤、注意事项及要求见表 4-5-6。

表 4-5-5　故障现象、主要原因及排除方法

故障现象	主要原因	排除方法
电梯停靠在层站平层处，长时间不关门，无法正常运行	（1）光幕信号线路断开	检查轿顶板或主板是否有光幕信号，如果没有，切断电源，检测光幕控制器与主板之间的线路是否断开；检查光幕是否有异物遮挡；使用干毛巾擦拭光幕收发红外线处；加强日常维护保养，及时更换易损件
	（2）光幕处有人员或货物遮挡	
	（3）光幕损坏	
	（4）光幕上有灰尘，无法接受红外线信号	
	（5）两根光幕不在一条水平线上	

表 4-5-6　具体检测步骤、注意事项及要求

光幕信号检测	注意事项及要求
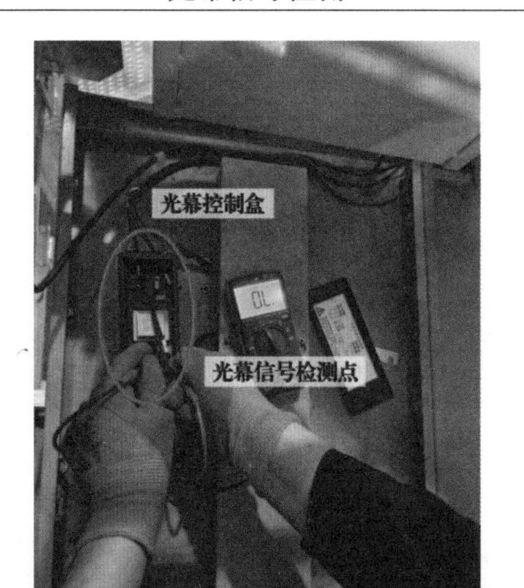 图 4-36　检测光幕信号线路	佩戴绝缘手套，切断电源，选用万用表正确挡位（蜂鸣挡）检测光幕与主板之间的连接线是否断开
 图 4-37　异物遮挡光幕信号	佩戴防护手套，检查光幕条是否有异物遮挡。擦拭光幕时，注意切断电源，并选用干毛巾。注意：切勿将身体横跨在轿顶和层站之间

任务 4-5-4　光幕电源故障分析及解决方法

任务描述：光幕电源给光幕供电，使两根光幕互相发射红外线，检测是否有乘客或货物阻挡，从而达到防夹的目的。故障现象、主要原因及排除方法见表 4-5-7。具体检测步骤、注意事项及要求见表 4-5-8。

表 4-5-7　故障现象、主要原因及排除方法

故障现象	主要原因	排除方法
两根光幕无法正常工作，主板丢失光幕信号，电梯不关门，无法正常运行	（1）光幕无 220V 供电输入	使用万用表检测光幕与轿顶检修箱之间连接线是否断开；测量光幕控制器处有无电压输入；目测光幕条有无指示灯亮起；加强日常维护保养，及时更换易损件
	（2）光幕与轿顶检修箱电源连接线虚接或断开	
	（3）变压器损坏未输出 220V 电压	
	（4）光幕控制器损坏	

表 4-5-8　具体检测步骤、注意事项及要求

光幕电源检测	注意事项及要求
图 4-38　测量光幕供电电源	佩戴绝缘手套，测量光幕控制器处有无电压输入。注意：切勿将身体横跨在轿顶和层站之间

项目4-6　应急电源、到站钟、轿内选层、轿内显示故障分析及解决方法

项目概述：本项目包括4个任务，主要涉及电梯轿内选层及应急方面的相关问题。其目标是：使学员掌握电梯应急电源、到站钟、轿内选层、轿内显示出现故障时的分析思路及解决办法。通过对上述故障的排查分析，提高学员解决电梯轿内选层及应急方面问题的能力，同时培养学员的小组沟通能力和团队合作意识。

任务4-6-1　应急电源故障分析及解决方法

任务描述：当电梯正常运行时，应急电源不工作，始终处于充电状态。当检测到电梯突然停电，无电压输入时，应急电源放电，输出12V电压，为轿内应急灯及五方对讲装置提供电源。故障现象、主要原因及排除方法见表4-6-1。具体检测步骤、注意事项及要求见表4-6-2。

表4-6-1　故障现象、主要原因及排除方法

<table>
<tr><th>故障现象</th><th>主要原因</th><th>排除方法</th></tr>
<tr><td rowspan="3">电梯突然停电，轿内应急照明灯不工作，无电压输入，五方对讲系统无法正常工作，被困乘客无法将被困消息传递给物业值班室</td><td>（1）应急电源损坏</td><td rowspan="3">使用万用表检测应急电源输入端有无电压输入；切断电梯电源，检测应急电源有无电压输出，检查各处线路有无虚接或断开</td></tr>
<tr><td>（2）应急电源输入电压断开，无法给电池充电</td></tr>
<tr><td>（3）应急电源输出端线路断开或虚接，导致无法将电源传输给应急系统。</td></tr>
</table>

表 4-6-2　具体检测步骤、注意事项及要求

应急电源检测	注意事项及要求
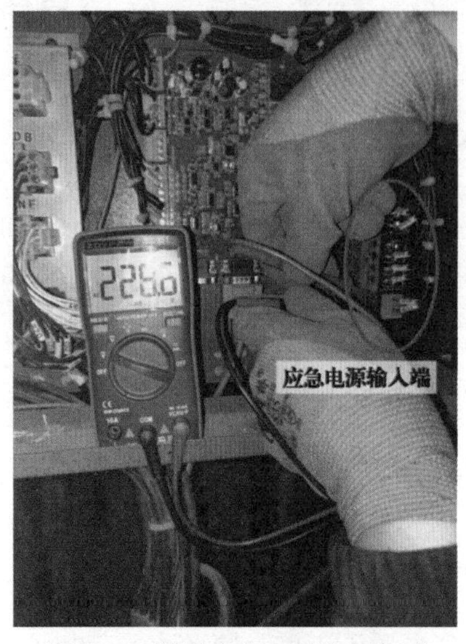 图 4-39　测量应急电源输入电压	佩戴绝缘手套和安全帽，选用万用表正确挡位（交流电压挡）检测应急电源有无电压输入
 图 4-40　测量应急电源输出电压	佩戴绝缘手套和安全帽，选用万用表正确挡位（直流电压挡）检测应急电源有无电压输出

任务 4-6-2　到站钟故障分析及解决方法

任务描述：当电梯正常运行至选定的楼层平层时，到站钟发出语音，并提示乘客先出后进。故障现象、主要原因及排除方法见表 4-6-3。具体检测步骤、注意事项及要求见表 4-6-4。

表 4-6-3　故障现象、主要原因及排除方法

故障现象	主要原因	排除方法
电梯可以正常运行，但是到站钟没有提示，乘客如果没注意操纵盘显示楼层，可能会出错楼层	（1）到站钟损坏	使用万用表检测到站钟本身是否损坏，测量线路是否断开或虚接；加强日常维护保养，及时更换易损件
	（2）到站钟线路虚接或断开	
	（3）到站钟没有电压输入	

表 4-6-4　具体检测步骤、注意事项及要求

到站钟检测	注意事项及要求
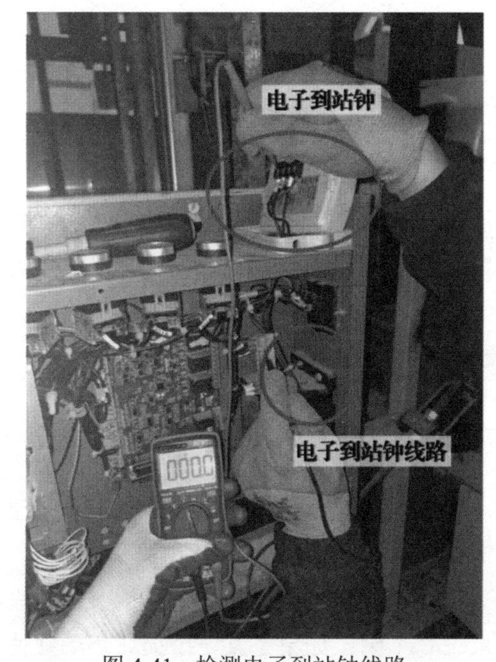 图 4-41　检测电子到站钟线路	佩戴绝缘手套，在井道内佩戴安全帽，切断电源，并选用万用表正确挡位（蜂鸣挡）检测开关本身及线路是否断开或虚接

续表

到站钟检测	注意事项及要求
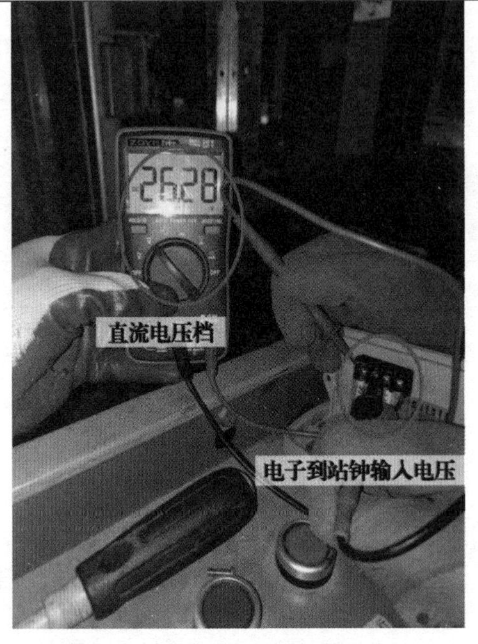图 4-42　测量电子到站钟输入电压	佩戴绝缘手套，在井道内工作佩戴安全帽，选用万用表正确电压（直流电压挡）检测到站钟是否有电压输入

任务 4-6-3　轿内选层故障分析及解决方法

任务描述：轿内选层装置，即操纵盘。乘客按压指定楼层按钮，电梯主板接收到指令后（按钮→指令板→轿顶板→主板），运行曳引机将电梯运行到指令楼层。故障现象、主要原因及排除方法见表 4-6-5。具体检测步骤、注意事项及要求见表 4-6-6。

表 4-6-5　故障现象、主要原因及排除方法

故障现象	主要原因	排除方法
乘客在轿内无法正常选层，按压指定楼层按钮后，电梯无反应	（1）按钮损坏	首先要确定是所有的选层按钮都不起作用，还是某一个按钮不起作用。如果是都不起作用，首先考虑电压输入和指令板的原因；如果是某一个损坏，单独使用万用表测量线路及按钮本身。加强日常维护保养，及时更换易损件
	（2）按钮至指令板连接线虚接或断开	
	（3）指令板损坏	
	（4）指令板与轿顶板之间的通信线虚接或断开	

表 4-6-6　具体检测步骤、注意事项及要求

轿内选层检测	注意事项及要求
图 4-43　轿内指令板	佩戴防护手套，在轿内工作时尽量将电梯停靠在顶层，使用十字螺钉旋具或扳手打开操纵盘，检查按钮连接线是否松动。检查指令板与轿顶板之间的通信线有无松动
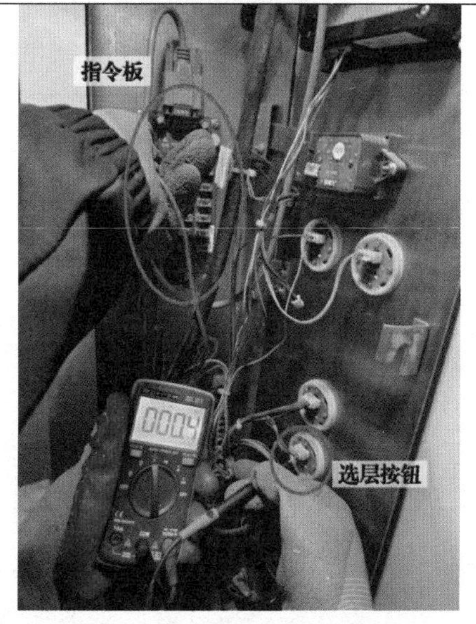图 4-44　指令板至选层按钮线路	佩戴绝缘手套，选用万用表正确挡位（电压挡）检测按钮有无输入电压

任务 4-6-4　轿内显示故障分析及解决方法

任务描述：轿内显示装置将电梯当前运行的方向、楼层及状态显示在显示板上，轿内的乘客可以直观观察到电梯目前的状态，提前准备出电梯。故障现象、主要原因及排除方法见表 4-6-7。具体检测步骤、注意事项及要求见表 4-6-8。

表 4-6-7　故障现象、主要原因及排除方法

故障现象	主要原因	排除方法
电梯运行时显示板黑屏，不显示当前电梯方向及楼层；显示板乱码，显示的方向和楼层与真实情况不符	（1）显示板损坏 （2）显示板无供电电源 （3）显示板与轿顶检修箱连接线路断开	使用万用表检测显示板是否有供电电源；检测显示板连接线路是否断开；加强日常维护保养，及时更换易损件

表 4-6-8　具体检测步骤、注意事项及要求

轿内显示检测	注意事项及要求
图 4-45　轿内显示板无供电电压	佩戴绝缘手套，选用万用表正确挡位（电压挡）检测显示板有无电压输入。注意：在轿内工作时，尽量将电梯停靠在顶层
 图 4-46　轿内显示板线路	佩戴绝缘手套，选用万用表正确挡位（蜂鸣挡）检测显示板连接线路是否断开。注意：在轿内工作时，尽量将电梯停靠在顶层

项目4-7 轿内照明、轿内风机、轿内五方对讲、轿内应急照明故障分析及解决方法

项目概述：本项目包括4个任务，主要涉及电梯轿内照明、风扇及应急方面的相关问题（图4-47）。其目标是：使学员掌握电梯轿内照明、轿内风机、轿内五方对讲、轿内应急照明出现故障时的分析思路及解决办法。通过对上述故障的排查分析，提高学员解决电梯轿厢照明、风扇及应急方面问题的能力，同时培养学员良好的职业素养和爱岗敬业的职业意识。

图4-47 操纵盘控制盒

任务4-7-1 轿内照明故障分析及解决方法

任务描述：轿内照明一般设置为4～6个额定电压为220V的灯泡，为乘坐电梯的乘客提供照明。当长时间（一般设置为10min左右）没有人乘坐电梯时，照明会自动关闭，达到节能的目的。TSG T7001—2023《电梯监督检验和定期检验规则》中要求切断主电源开关时，不应切断照相照明、井道照明、报警装

置、插座等。GB 7588—2020.1《电梯制造与安装安全规范　第 1 部分：乘客电梯和载货电梯》中要求轿厢地板上的照度宜不小于 50lx。故障现象、主要原因及排除方法见表 4-7-1。具体检测步骤、注意事项及要求见表 4-7-2。

表 4-7-1　故障现象、主要原因及排除方法

故障现象	主要原因	排除方法
电梯运行时，照相照明左右的灯泡都不亮，或其中几个不亮	（1）其中一个或多个损坏	如果所有照明都不亮，首先考虑供电电源的问题，使用万用表测量主线路的供电电源是否为额定电压 220V；如果单独某个灯泡不亮，首先考虑灯泡损坏或线路是否有断开情况。加强日常维护保养，及时更换易损件
	（2）多个灯泡并联时的线路虚接或断开	
	（3）轿厢照明无供电电源	

表 4-7-2　具体检测步骤、注意事项及要求

轿厢照明检测	注意事项及要求
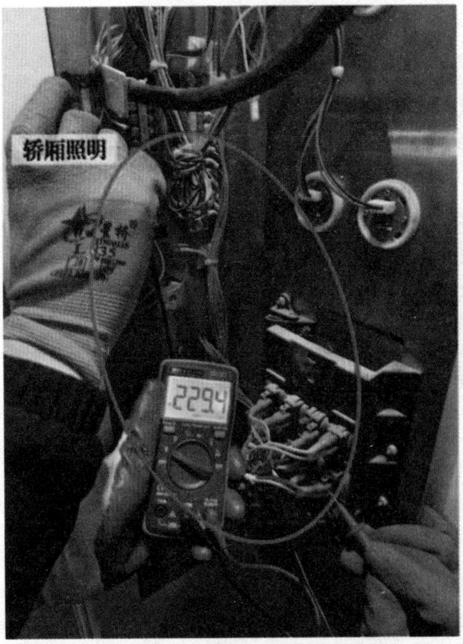 图 4-48　检测轿厢照明线路	佩戴绝缘手套，选用万用表正确挡位（电压挡）检测轿厢照明供电电源是否有电

任务 4-7-2　轿内风机故障分析及解决方法

任务描述：为保证轿内的通风，轿顶须安装风扇。客梯轿厢一般采用贯流风扇，使轿内的空气加快流通。当电梯出现故障制停时，风扇和轿内的通风孔可以保证轿内不会出现缺氧的情况。故障现象、主要原因及排除方法见表 4-7-3。具体检测步骤、注意事项及要求见表 4-7-4。

表 4-7-3　故障现象、主要原因及排除方法

故障现象	主要原因	排除方法
电梯运行时，轿内闷热，风扇出风口处没有出风，空气流动慢	（1）风机自身损坏	打开操纵盘，观察风扇开关是否被关闭；使用万用表检测开关处的线路是否有电压输入；加强日常维护保养，及时更换易损件
	（2）风机接线线路虚接或断开	
	（3）维修人员误将风机开关关闭	

表 4-7-4　具体检测步骤、注意事项及要求

轿内风机检测	注意事项及要求
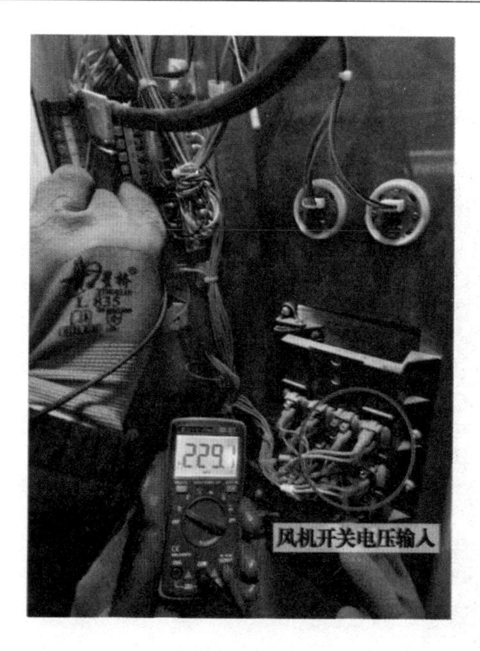 图 4-49　测量轿内风机供电电压	佩戴绝缘手套，选用合适规格的螺钉旋具或扳手打开操纵盘，选用万用表正确挡位检测风机开关是否有电压输入。注意：轿内工作时尽量将电梯停靠在顶层位置

任务 4-7-3 轿内五方对讲故障分析及解决方法

任务描述：当电梯出现停电或发生故障时，轿内被困乘客通过轿内五方对讲将求救信号传到外界装置。若轿内有信号，也可直接拨打张贴在轿厢壁上的维修人员电话。故障现象、主要原因及排除方法见表 4-7-5。具体检测步骤、注意事项及要求见表 4-7-6。

表 4-7-5 故障现象、主要原因及排除方法

故障现象	主要原因	排除方法
电梯困住乘客时，轿内的乘客按求救按钮，值班室收不到求救信号，导致乘客长时间被困在轿内	（1）求救按钮损坏	使用万用表检测求救按钮与轿顶话机的接线是否接通，确定信号输入没问题；与值班室人员配合，当轿内按钮按下时，值班室电话能不能收到信号
	（2）求救按钮至值班室的线路出现虚接或断开	
	（3）求救按钮插接件松动	
	（4）求救按钮与轿顶话机线路断开	

表 4-7-6 具体检测步骤、注意事项及要求

轿内五方对讲检测	注意事项及要求
图 4-50 检测轿内五方对讲线路	佩戴绝缘手套，选用万用表正确挡位（蜂鸣挡）检测轿内按钮与轿顶话机之间的线路是否接通

续表

轿内五方对讲检测	注意事项及要求 
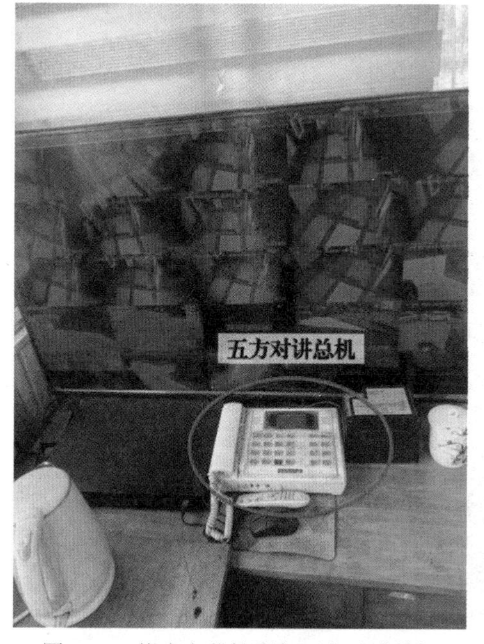 图4-51　值班室监控屏与五方对讲总机	切断电梯电源，在基站放置安全警示牌，与物业值班室人员提前沟通好

任务4-7-4　轿内应急照明故障分析及解决方法

任务描述：当电梯突然停电时，应急照明应自动接通，为轿厢提供照明，防止被困人员恐慌。GB 7588—2020.1《电梯制造与安装安全规范　第1部分：乘客电梯和载货电梯》中要求，轿内应有自动再充电的紧急照明。在正常照明电源中断的情况下，它至少能供1W的灯泡用电1h。在正常照明电源一旦发生故障的情况下，应自动接通紧急照明电源。故障现象、主要原因及排除方法见表4-7-7。具体检测步骤、注意事项及要求见表4-7-8。

表4-7-7　故障现象、主要原因及排除方法

故障现象	主要原因	排除方法
电梯突然停电时，应急照明灯不亮或亮的时间特别短，应急照明灯频繁闪烁	（1）应急照明灯损坏 （2）应急电源电池没电 （3）应急照明灯线路断开或虚接	使用万用表测量应急照明供电电压；根据任务4-6-1确定应急电源电池没有问题；加强日常维护保养，及时更换易损件

表 4-7-8　具体检测步骤、注意事项及要求

轿内应急照明检测	注意事项及要求
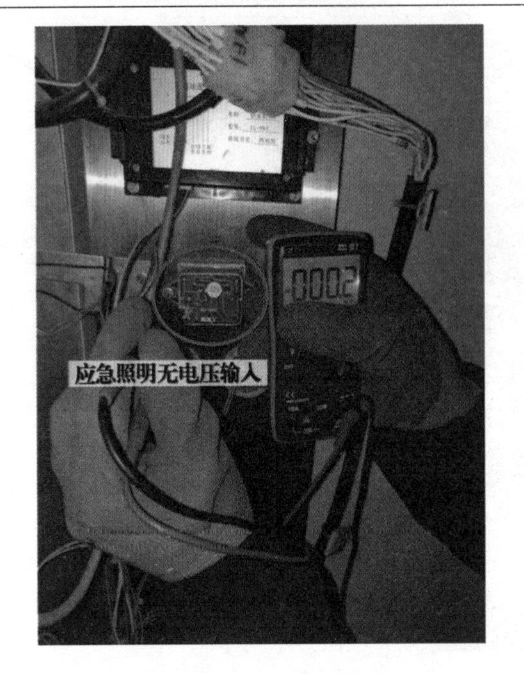图 4-52　轿内应急照明电压	佩戴绝缘手套，切断电梯照明供电电源，选用万用表正确挡位（电压挡）检测停电时应急照明灯有无电压输入。注意：在轿内工作时，尽量将电梯停靠在顶层
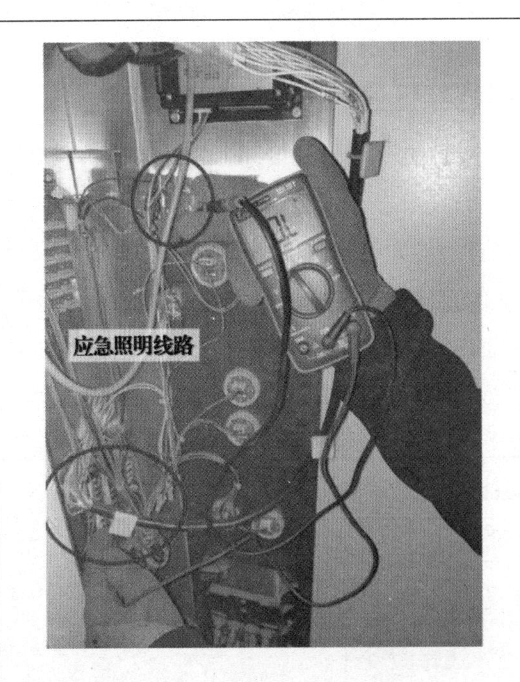图 4-53　轿内应急照明线路	佩戴绝缘手套，切断电源，选用万用表正确电压（蜂鸣挡）检测应急照明灯相关线路是否有虚接或断开

项目4-8　轿厢上导靴、轿厢下导靴、安全钳间隙故障分析及解决方法

项目概述：本项目包括3个学习任务，主要涉及电梯上下导靴、安全钳工作面与轿厢导轨间隙方面的相关问题。其目标是：使学员掌握电梯轿厢上导靴、轿厢下导靴、安全钳间隙出现故障时的分析思路及解决办法。通过对上述故障的排查分析，提高学员解决电梯轿厢上下导靴、安全钳工作面与轿厢导轨间隙方面问题的能力，同时培养学员求真务实、严肃认真的科学态度和工作作风。

任务4-8-1　轿厢上导靴故障分析及解决方法

任务描述：轿厢导靴是指电梯导轨与轿厢之间可以滑动的尼龙块。它可以将轿厢固定在导轨上，使轿厢只可以上下移动。导靴上还有油杯，以减少靴衬与导轨之间的摩擦。导靴一般分为滑动导靴和滚动导靴两种。故障现象、主要原因及排除方法见表4-8-1。具体检测步骤、注意事项及要求见表4-8-2。

表4-8-1　故障现象、主要原因及排除方法

<table>
<tr><th>故障现象</th><th>主要原因</th><th>排除方法</th></tr>
<tr><td rowspan="4">轿厢运行中晃动间隙过大；轿厢运行舒适感不佳；轿厢启动时阻力过大；轿厢运行时有异常声响</td><td>（1）导靴与导轨之间的间隙过大</td><td rowspan="4">调整导靴与导轨顶面间隙为0.5mm，两侧之和不大于1mm；拆下导靴，检查靴衬上是否存在异物；加强日常维护保养，及时更换易损件</td></tr>
<tr><td>（2）导靴与导轨之间的间隙过小</td></tr>
<tr><td>（3）导靴靴衬磨损严重，导致间隙过大</td></tr>
<tr><td>（4）导靴内有异物</td></tr>
</table>

表 4-8-2　具体检测步骤、注意事项及要求

轿厢上导靴检测	注意事项及要求
图 4-54　轿厢上导靴间隙	佩戴防护手套和安全帽，选用合适规格的扳手，拆装导靴时应注意做好标记，切勿将两侧导靴同时拆除
图 4-55　调整轿厢上导靴间隙	佩戴防护手套和安全帽，选用合适规格的扳手，拆装导靴时应注意做好标记，切勿将两侧导靴同时拆除

任务 4-8-2　轿厢下导靴故障分析及解决方法

任务描述：轿厢下导靴与上导靴的功能一样，即限制轿厢在导轨上上下运动。下导靴还用来固定轿厢下的安全钳，调整好安全钳间隙后，将下导靴固定锁紧，以防安全钳钳块与导轨摩擦。故障现象、主要原因及排除方法见表 4-8-3。具体检测步骤、注意事项及要求见表 4-8-4。

表 4-8-3　故障现象、主要原因及排除方法

故障现象	主要原因	排除方法
轿厢运行中晃动间隙过大；轿厢运行舒适感不佳；轿厢启动时阻力过大；轿厢运行时有异常声响，导轨上有明显划痕	（1）导靴与导轨之间的间隙过大	调整导靴与导轨顶面间隙为 0.5mm，两侧之和不大于 1mm；拆下导靴，检查靴衬上是否存在异物；加强日常维护保养，及时更换易损件
	（2）导靴与导轨之间的间隙过小	
	（3）导靴靴衬磨损严重，导致间隙过大	
	（4）导靴内有异物	

表 4-8-4　具体检测步骤、注意事项及要求

轿厢下导靴检测	注意事项及要求
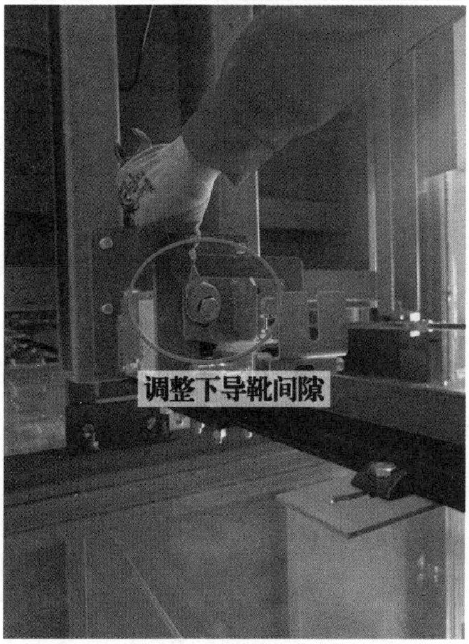 图 4-56　调整下导靴	佩戴防护手套和安全帽，选用合适规格的扳手，拆装导靴时应注意做好标记，切勿将两侧导靴同时拆除

续表

轿厢下导靴检测	注意事项及要求
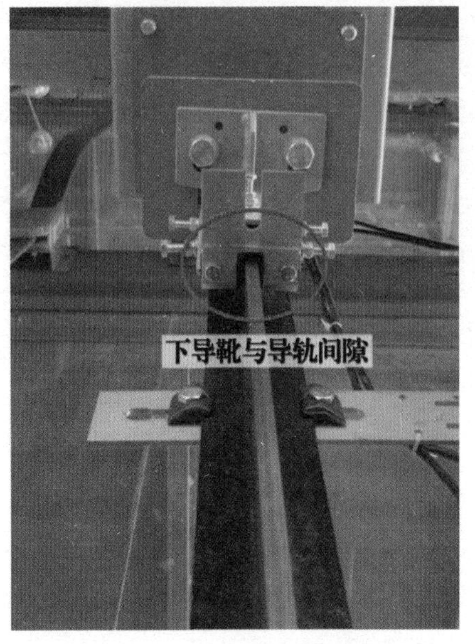图 4-57 下导靴与导轨间隙	佩戴防护手套和安全帽，选用合适规格的扳手，拆装导靴时应注意做好标记，切勿将两侧导靴同时拆

任务 4-8-3 安全钳间隙故障分析及解决方法

任务描述：安全钳与导轨之间的间隙对于电梯安全运行尤为重要。当电梯出现超速、断绳等非常严重的故障时，电梯安全钳在限速器的操纵下，将轿厢紧急制停，并夹持在导轨上。电梯安全钳为电梯运行提供有效的安全保护作用。安全钳一般分为渐进式和瞬时式两种，额定速度大于 0.63m/s 的选用渐进式安全钳，小于 0.63m/s 的选用瞬时式安全钳。故障现象、主要原因及排除方法见表 4-8-5。具体检测步骤、注意事项及要求见表 4-8-6。

表 4-8-5 故障现象、主要原因及排除方法

故障现象	主要原因	排除方法
安全钳联动试验时安全钳不能将轿厢制停在导轨上；电梯运行时有异常声响；电梯不能向下运行	（1）安全钳与导轨间隙过大	将电梯停靠在最底层，使用楔形塞尺测量安全钳与导轨之间的间隙，松开下导靴调整间隙
	（2）安全钳与导轨间隙过小	
	（3）安全钳动作后未自动复位	

表 4-8-6　具体检测步骤、注意事项及要求

安全钳间隙检测	注意事项及要求
 图 4-58　测量安全钳间隙	佩戴安全帽和防护手套，选用正确规格的扳手松开下导靴，并调整安全钳间隙
 图 4-59　松开下导靴，调整安全钳	佩戴安全帽和防护手套，选用正确规格的扳手松开下导靴，并调整安全钳间隙

项目 4-9　轿门四周间隙、门刀与厅门滚轮间隙、门刀与厅门地坎间隙故障分析及解决方法

项目概述：本项目包括 3 个任务，主要涉及电梯轿门与门刀装置方面的相关问题。其目标是：使学员掌握轿门四周间隙、门刀与厅门滚轮间隙、门刀与厅门地坎间隙出现故障时的分析思路及解决办法。通过对上述故障的排查分析，提高学员解决电梯轿门四周间隙和门刀方面间隙问题的能力，同时培养学员的安全意识，提高学员分析、解决问题的能力。

任务 4-9-1　轿门四周间隙故障分析及解决方法

任务描述：轿门的作用是防止乘客在乘坐电梯时跌入井道或与厅门等井道部件发生剐蹭剪切事故。TSG T7001—2023《电梯监督检验和定期检验规则》中要求门扇与门框、地坎之间的间隙，对于乘客电梯不大于 6mm，对于载货电梯不大于 8mm。故障现象、主要原因及排除方法见表 4-9-1。具体检测步骤、注意事项及要求见表 4-9-2。

表 4-9-1　故障现象、主要原因及排除方法

故障现象	主要原因	排除方法
轿门开启或关闭时有异常声响；轿门无法完全开启或关闭；轿门门扇上存在明显划痕；轿门完全关闭后呈 V 字形或 A 字形	（1）轿门与轿壁之间的间隙过小	使用楔形塞尺测量门扇与轿壁、地坎之间的间隙，并通过在门扇固定处加减垫片调整；以轿壁作为参照物确定不垂直的门扇，并加减垫片调整
	（2）轿门与地坎之间的间隙过小	
	（3）轿门与轿壁之间的间隙过大	
	（4）轿门不垂直	

表 4-9-2　具体检测步骤、注意事项及要求

轿门四周间隙检测	注意事项及要求
图 4-60　轿门与门框间隙	佩戴防护手套，防止轿门门扇划伤手指，在层站处设置安全警示牌；选用正确规格的扳手及垫片
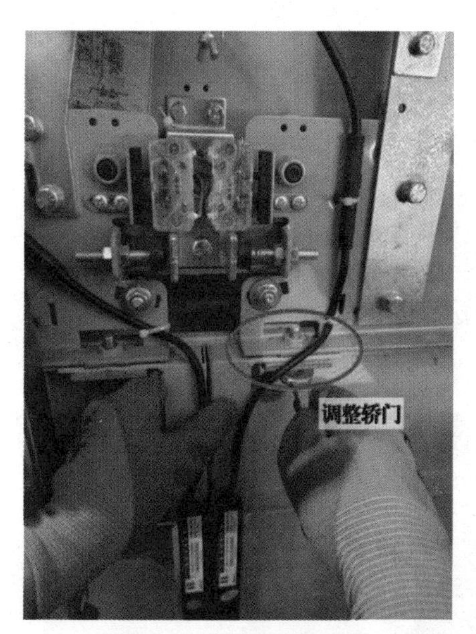图 4-61　调整轿门间隙	佩戴防护手套，防止轿门门扇划伤手指，在层站处设置安全警示牌；选用正确规格的扳手及垫

任务 4-9-2　门刀与厅门滚轮间隙故障分析及解决方法

任务描述：门刀与厅门滚轮之间的间隙关系着电梯平层时，轿门门刀能否正常将厅门打开或关闭。尤其是同步门刀与厅门滚轮之间的间隙相对严格。故障现象、主要原因及排除方法见表 4-9-3。具体检测步骤、注意事项及要求见表 4-9-4。

表 4-9-3　故障现象、主要原因及排除方法

故障现象	主要原因	排除方法
电梯平层时门锁突然断开；电梯平层开门时门刀无法将厅门带动打开；开门过程中门刀将厅门打开一半厅门自动关闭	（1）门刀与厅门滚轮之间没有间隙，断开门锁造成急停 （2）门刀与厅门滚落之间间隙太大，无法将钩子锁完全打开 （3）门刀吃轮太少	电梯平层时观察门刀插入滚轮情况，两侧间隙一般调整为 5～7mm；观察门刀吃轮情况，如果每层吃轮都很少应在门刀处加垫片

表 4-9-4　具体检测步骤、注意事项及要求

门刀与厅门滚轮间隙检测	注意事项及要求
 图 4-62　门刀与厅门滚轮间隙	站在轿顶观察门刀插入滚轮时应慢车运行，停车后拍下急停

续表

门刀与厅门滚轮间隙检测	注意事项及要求
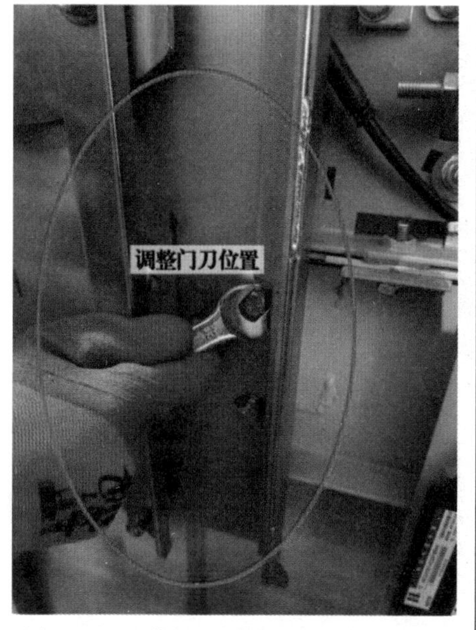图 4-63　调整门刀位置及垂直度	佩戴防护手套，选用正确规格的扳手及垫片，调整门刀与滚轮之间的间隙

任务 4-9-3　门刀与厅门地坎间隙故障分析及解决方法

任务描述：门刀与厅门地坎的间隙能够反映轿厢地坎与厅门地坎之间的运行间隙和轿厢的垂直度。故障现象、主要原因及排除方法见表 4-9-5。具体检测步骤、注意事项及要求见表 4-9-6。

表 4-9-5　故障现象、主要原因及排除方法

故障现象	主要原因	排除方法
轿厢运行至厅门地坎时，门刀与厅门地坎发出声响、摩擦	（1）轿厢不垂直造成门刀与地坎间隙小	如果每层的厅门地坎都与门刀发生摩擦，首先考虑轿厢不垂直的原因和门刀的安装位置；如果单独某一层的门刀与地坎发生摩擦，首先考虑厅门地坎是否移动位置
	（2）厅门地坎位置移动	
	（3）门刀安装位置移动	

表 4-9-6　具体检测步骤、注意事项及要求

门刀与地坎间隙检测	注意事项及要求 
 图 4-64　运行间隙	佩戴防护手套，使用卷尺测量厅门地坎与轿门地坎之间的运行间隙，判断厅门地坎是否移动
 图 4-65　门刀与厅门地坎间隙	佩戴防护手套，使用卷尺测量门刀整体与地坎之间的间隙。若间隙不均，则门刀不垂直

模块 5　底坑故障

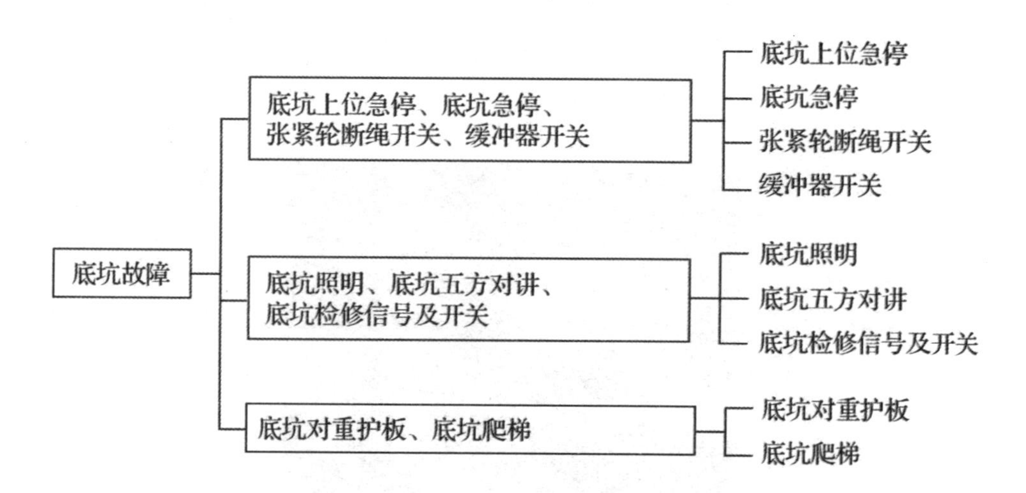

情境引入

某小区最近刚刚交房，业主们都沉浸在住进新房的喜悦之中。大多数业主在联系装修施工队对自己的爱房进行装修，于是电梯成为运输水泥、沙子等施工材料的运输工具。某天，施工师傅携带材料乘坐电梯时，等了很长一段时间电梯都没有关门，轿内显示板也没有显示超载的提示。

请同学们分析此次故障的部位及产生原因。

项目 5-1　底坑上位急停、底坑急停、张紧轮断绳开关、缓冲器开关故障分析及解决方法

项目概述：本项目包括 4 个任务，主要涉及电梯底坑安全回路开关的相关问题（图 5-1）。其目标是：使学员掌握电梯底坑上位急停、底坑急停、张紧轮断绳开关、缓冲器开关出现故障时的分析思路及解决办法。通过对上述故障的排查分析，提高学员解决电梯安全回路中底坑部分开关问题的能力，同时培养学员认真细致、积极探索的工作作风，以及理论联系实际、自主学习的学习习惯。

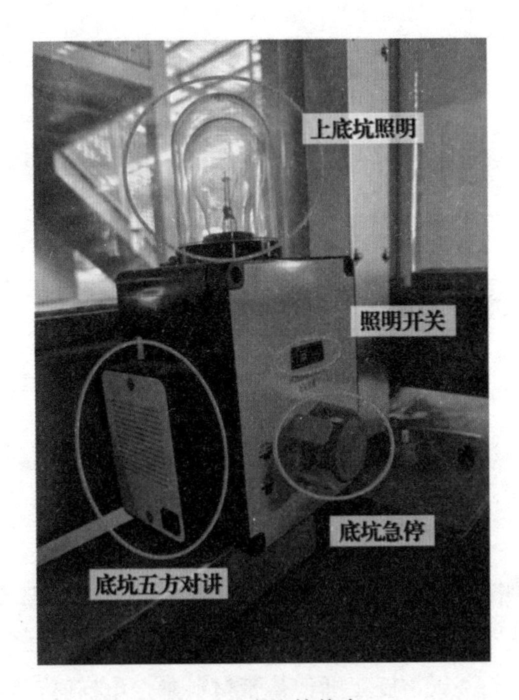

图 5-1　底坑检修盒

任务 5-1-1　底坑上位急停故障分析及解决方法

任务描述：维修保养人员进入底坑之前，需要断开安全回路的开关。底坑上位急停一般设置在底层厅门附近，是保证维修保养人员安全的重要装置。故障现象、主要原因及排除方法见表 5-1-1。具体检测步骤、注意事项及要求见表 5-1-2。

表 5-1-1　故障现象、主要原因及排除方法

故障现象	主要原因	排除方法
电梯安全回路断开，主板安全回路信号灯无指示，电梯不运行	（1）底坑上位急停开关损坏	根据任务 2-1-4 确定安全回路供电电压没问题；使用万用表检测上位急停开关本身通断；使用万用表检测线路是否虚接或断开；加强日常维护保养，及时更换易损件
	（2）线路虚接或断开	
	（3）安全回路无供电电源	

表 5-1-2　具体检测步骤、注意事项及要求

底坑上位急停检测	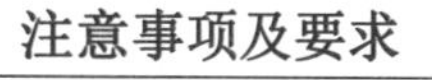注意事项及要求
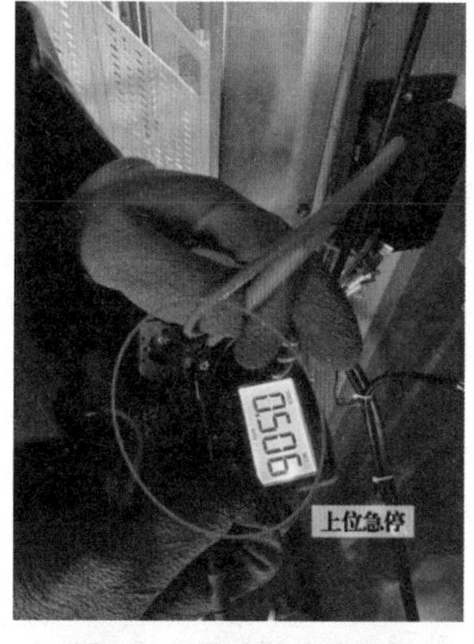 图 5-2　测量底坑上位急停	佩戴绝缘手套和安全帽，切断电源，选用万用表正确挡位（蜂鸣挡）检测上位急停开关本身是否损坏
 图 5-3　测量上位急停线路	佩戴绝缘手套和安全帽，切断电源，选用万用表正确挡位（蜂鸣挡）检测上位急停开关线路是否虚接或断开

任务 5-1-2　底坑急停故障分析及解决方法

任务描述：专业人员在底坑内进行维修保养工作时拍下底坑急停，断开电梯安全回路，保证电梯不会突然运行。故障现象、主要原因及排除方法见表 5-1-3。具体检测步骤、注意事项及要求见表 5-1-4。

表 5-1-3　故障现象、主要原因及排除方法

故障现象	主要原因	排除方法
电梯安全回路断开，主板安全回路信号灯无指示，电梯不运行	（1）底坑急停开关损坏	根据任务 2-1-4 确定安全回路供电电压没问题；使用万用表检测底坑急停开关本身通断；使用万用表检测线路是否虚接或断开；加强日常维护保养，及时更换易损件
	（2）线路虚接或断开	
	（3）安全回路无供电电源	

表 5-1-4　具体检测步骤、注意事项及要求

底坑急停检测	注意事项及要求
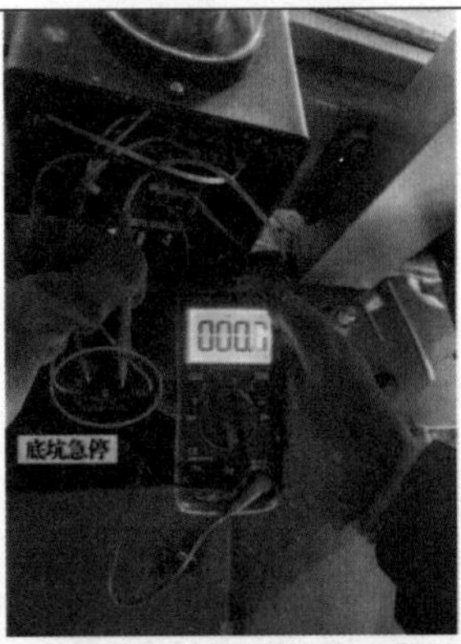 图 5-4　测量底坑急停	佩戴绝缘手套和安全帽，切断电源，选用万用表正确挡位（蜂鸣挡）检测底坑急停开关本身是否损坏
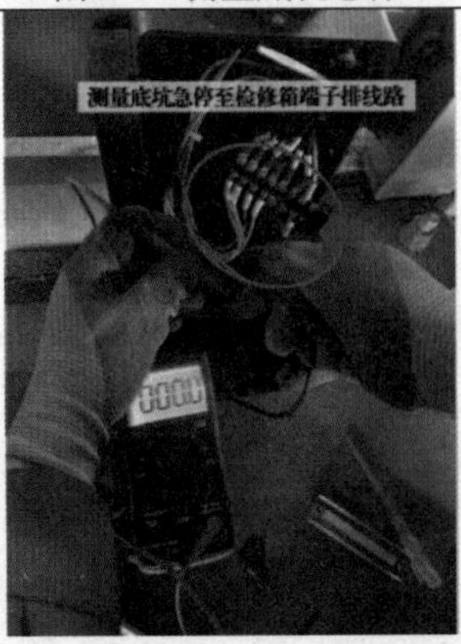 图 5-5　测量底坑急停至端子排线路	佩戴绝缘手套和安全帽，切断电源，选用万用表正确挡位（蜂鸣挡）检测底坑急停开关线路是否虚接或断开

任务 5-1-3　张紧轮断绳开关故障分析及解决方法

任务描述：张紧装置的底部与底坑要有一定的高度，应能补偿限速器钢丝绳在工作中的伸长。为了防止限速器钢丝绳的破裂或过分伸长而失效，张紧装置上均设有检测钢丝绳张紧情况的电气安全装置。限速器钢丝绳遵循热胀冷缩的原理，冬季时温度较低，钢丝绳直径收缩导致总长度变长，可能会误动作断绳开关；夏季天气炎热，反之。故障现象、主要原因及排除方法见表 5-1-5。具体检测步骤、注意事项及要求见表 5-1-6。

张紧轮断绳开关故障

表 5-1-5　故障现象、主要原因及排除方法

<table>
<tr><th>故障现象</th><th>主要原因</th><th>排除方法</th></tr>
<tr><td rowspan="5">电梯安全回路断开，主板安全回路信号灯无指示，电梯无法运行</td><td>（1）张紧轮开关损坏</td><td rowspan="5">进入底坑检查张紧装置重锤有无“抬头”或“低头”情况；使用万用表检测电气开关以及线路有无虚接或断开；测量动作装置与开关之间以及张紧重锤与地面之间的距离；加强日常维护保养；及时更换易损件</td></tr>
<tr><td>（2）线路虚接或断开</td></tr>
<tr><td>（3）钢丝绳断裂或过分伸长</td></tr>
<tr><td>（4）安全回路无供电电压</td></tr>
<tr><td>（5）张紧装置与开关之间间隙太小，导致误动作</td></tr>
</table>

表 5-1-6　具体检测步骤、注意事项及要求

张紧轮断绳开关检测	注意事项及要求
图 5-6　检测张紧轮开关	佩戴绝缘手套和安全帽，切断电源，选用万用表正确挡位（蜂鸣挡）检测电气开关本身及线路

续表

<table>
<tr><th>张紧轮断绳开关检测</th><th>注意事项及要求</th></tr>
<tr><td>
图 5-7　测量张紧装置与地面距离</td><td>佩戴绝缘手套和安全帽，使用卷尺测量张紧轮与地面的距离以及动作装置与电气开关之间的距离</td></tr>
<tr><td colspan="2">张紧轮最低部分距离地坑地面的尺寸
<table><tr><td>电梯额定速度/（m/s）</td><td>≥2</td><td>1.5～1.75</td><td>0.25～1</td></tr><tr><td>距离地坑地面尺寸/（mm）</td><td>750±50</td><td>550±50</td><td>400±50</td></tr></table></td></tr>
</table>

任务 5-1-4　缓冲器开关故障分析及解决方法

任务描述： 在轿厢冲顶或蹲底时，缓冲器用来吸收轿厢或对重下坠的力，是电梯的最后一道防线。当缓冲器被压缩时，触发安装在缓冲器上的电气开关，从而切断安全回路，防止电梯再次运行。故障现象、主要原因及排除方法见表 5-1-7。具体检测步骤、注意事项及要求见表 5-1-8。

表 5-1-7　故障现象、主要原因及排除方法

<table>
<tr><th>故障现象</th><th>主要原因</th><th>排除方法</th></tr>
<tr><td rowspan="4">安全回路断开，电梯主板丢失安全回路信号，电梯无法运行</td><td>（1）缓冲器开关损坏</td><td rowspan="4">进入底坑，检查缓冲器电气开关是否动作；使用万用表检测电气开关本身及线路；加强日常维护保养，及时更换易损件</td></tr>
<tr><td>（2）线路虚接或断开</td></tr>
<tr><td>（3）轿厢蹲底后开关未复位</td></tr>
<tr><td>（4）对重蹲底后开关未复位</td></tr>
</table>

表 5-1-8　具体检测步骤、注意事项及要求

缓冲器开关检测	注意事项及要求
 图 5-8　测量缓冲器开关	佩戴绝缘手套和安全帽，切断电源，选用万用表正确挡位（蜂鸣挡）检测电气开关是否损坏
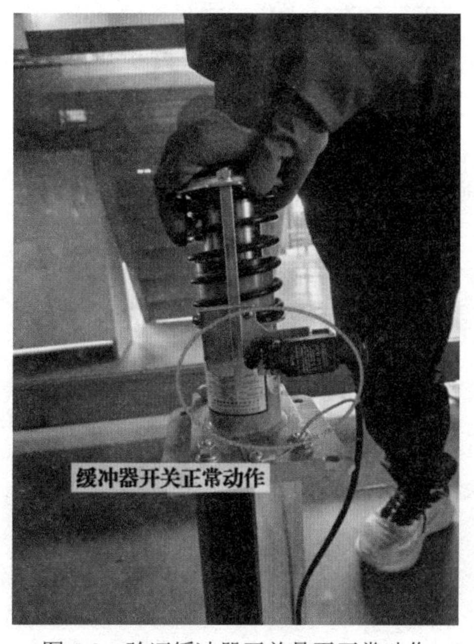 图 5-9　验证缓冲器开关是否正常动作	佩戴防护手套，测试缓冲器开关是否正确动作，注意防止液压缓冲器的液压油喷出

项目 5-2 底坑照明、底坑五方对讲、底坑检修开关故障分析及解决方法

项目概述：本项目包括3个任务，主要涉及电梯底坑检修时的开关及照明方面的相关问题。其目标是：使学员掌握电梯底坑照明、五方对讲、检修开关及上下按钮出现故障时的分析思路及解决办法。通过对上述故障的排查分析，提高学员解决电梯安全回路中底坑部分开关问题的能力，同时培养学员坚持真理、敢于创新、实事求是的科学态度和精神。

任务 5-2-1 底坑照明故障分析及解决方法

任务描述：底坑照明是为专业人员在地坑内进行维修保养工作时提供照明亮度的装置。底坑照明不受主电源开关控制，切断主电源开关时，底坑照明不能被切断。故障现象、主要原因及排除方法见表 5-2-1。具体检测步骤、注意事项及要求见表 5-2-2。

表 5-2-1 故障现象、主要原因及排除方法

故障现象	主要原因	排除方法
维修人员进入底坑时，按下照明开关，灯泡不亮	（1）照明无供电电源	使用万用表检测照明回路有无供电电压，线路是否有断路或虚接；加强日常维护保养，及时更换易损件
	（2）灯泡损坏	
	（3）线路虚接或断开	

表 5-2-2 具体检测步骤、注意事项及要求

底坑照明检测	注意事项及要求
图 5-10 检测底坑照明开关线路	佩戴绝缘手套和安全帽，切断电源，选用万用表正确挡位（蜂鸣挡）检测照明线路是否虚接或断开。注意：在底坑内工作时，切勿站立在对重区域

任务 5-2-2　底坑五方对讲故障分析及解决方法

任务描述：底坑五方对讲是维修人员之间维修电梯时的通话装置（大多数电梯底坑没有信号）。五方对讲在上述项目任务中均有涉及，是维修人员、值班人员、乘客之间保持联系的重要桥梁，在电梯中尤为重要。故障现象、主要原因及排除方法见表 5-2-3。具体检测步骤、注意事项及要求见表 5-2-4。

表 5-2-3　故障现象、主要原因及排除方法

故障现象	主要原因	排除方法
底坑维修人员无法通过对讲装置与轿顶人员或机房人员联系	（1）通话装置损坏 （2）通话装置线路虚接或断开 （3）线路无供电电压	使用万用表测量通话装置本身及线路是否出现虚接或断开；加强日常维护保养，及时更换易损件

表 5-2-4　具体检测步骤、注意事项及要求

底坑五方对讲检测	注意事项及要求
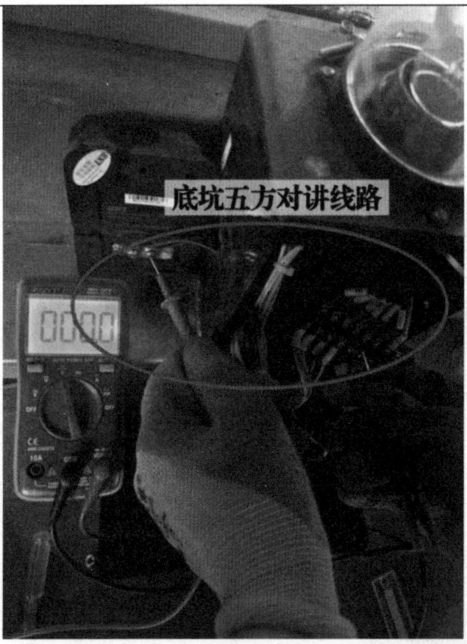 图 5-11　检测底坑五方对讲线路	佩戴绝缘手套和安全帽，选用万用表正确挡位（蜂鸣挡）检测对讲装置接线处有无虚接或断开。注意：在底坑内工作时，切勿站立在对重区域

任务 5-2-3　底坑检修开关故障分析及解决方法

任务描述：GB 7588—2020.1《电梯制造与安装安全规范　第 1 部分：乘客电梯和载货电梯》中提到，地坑检修箱内要增加检修装置，维修人员可以在底坑内进行检修上下行工作，从而为检查维修轿底部件提供了便利，进一步保护了维修人员的人身安全。故障现象、主要原因及排除方法见表 5-2-5。具体检测步骤、注意事项及要求见表 5-2-6。

表 5-2-5　故障现象、主要原因及排除方法

故障现象	主要原因	排除方法
电梯主板无检修信号，维修人员在底坑内无法通过检修开关进行检修上下行	（1）检修开关损坏	使用万用表检测检修开关本身及线路是否损坏或虚接断开；检测检修开关是否有电压输入，如果有电压输入且主板没有信号，首先考虑机房或轿顶开关是否处于检修状态；加强日常维护保养，及时更换易损件
	（2）检修开关线路虚接或断开	
	（3）检修回路无供电电压	
	（4）机房或轿顶有一处在检修状态	

表 5-2-6　具体检测步骤、注意事项及要求

底坑检修开关检测	注意事项及要求 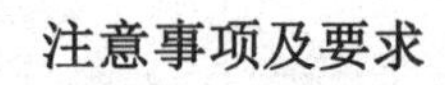
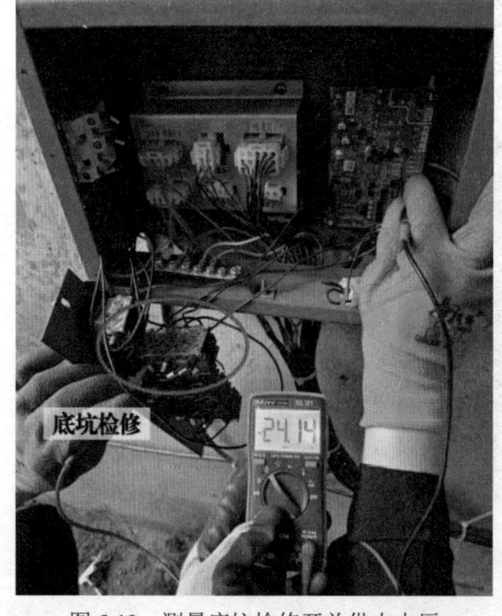 图 5-12　测量底坑检修开关供电电压	佩戴绝缘手套和安全帽，切断电源，选用万用表正确挡位（蜂鸣挡）检测开关及线路是否虚接或断开

项目5-3　底坑对重护板、底坑爬梯故障分析及解决方法

项目概述：本项目包括2个任务，主要涉及电梯底坑对重护板及爬梯方面的相关问题。其目标是：使学员掌握电梯底坑对重护板、爬梯出现故障时的分析思路及解决办法。通过对上述故障的排查分析，提高学员解决电梯底坑对重护板及爬梯问题的能力，同时培养学员的安全生产意识、质量意识和环保节能意识。

任务5-3-1　底坑对重护板故障分析及解决方法

任务描述：底坑对重护板一般安装在对重导轨上，距离地坑地面不小于300mm，向上延伸至少2500mm。其作用是，防止维修保养人员在底坑工作时与对重发生碰撞事故。故障现象、主要原因及排除方法见表5-3-1。具体检测步骤、注意事项及要求见表5-3-2。

表5-3-1　故障现象、主要原因及排除方法

故障现象	主要原因	排除方法
轿厢或对重进入底坑区域时，与对重护板发生碰撞	（1）对重护板安装位置过分突出，与轿厢发生碰撞	在轿顶或地坑运行慢车，测量轿厢和对重与护板之间的间隙；使用扳手紧固螺钉；加强日常维护保养
	（2）对重护板安装位置过分伸入对重区域，与对重发生碰撞	
	（3）对重护板螺钉紧固不到位，长时间产生松动并移位	

表5-3-2　具体检测步骤、注意事项及要求

底坑对重护板检测	注意事项及要求
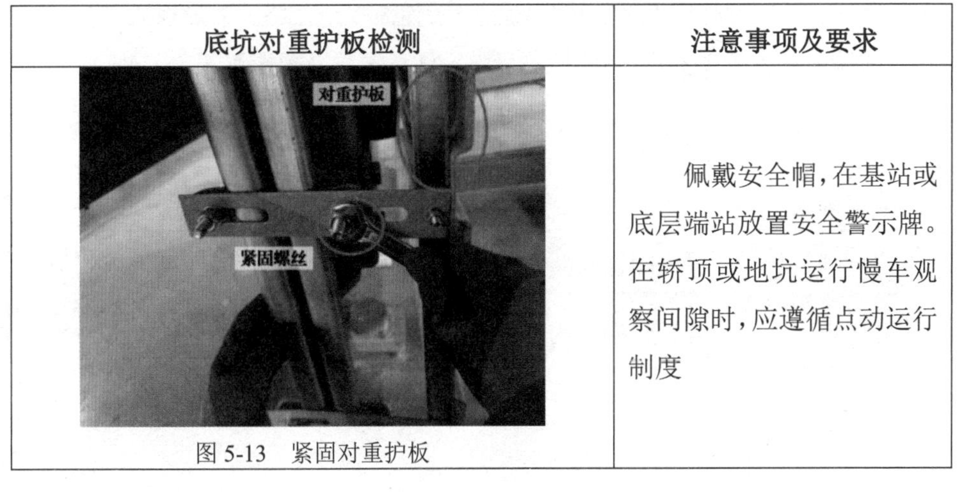图5-13　紧固对重护板	佩戴安全帽，在基站或底层端站放置安全警示牌。在轿顶或地坑运行慢车观察间隙时，应遵循点动运行制度

续表

<table>
<tr><th>底坑对重护板检测</th><th>注意事项及要求</th></tr>
<tr><td>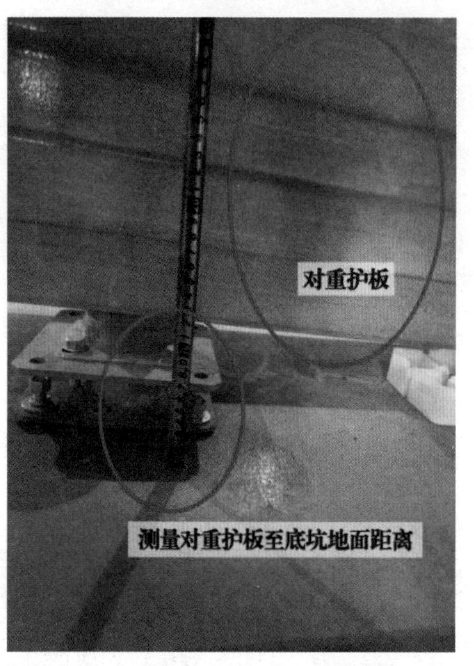

图 5-14　测量对重护板与地面距离</td><td>佩戴安全帽和防护手套，选用正确规格的扳手紧固护板螺钉，使用卷尺测量护板延伸长度及与底坑地面的距离</td></tr>
</table>

任务 5-3-2　底坑爬梯故障分析及解决方法

任务描述：底坑爬梯是为维修保养人员进入底坑工作时提供方便的装置，此装置安装位置应不能影响轿厢运行至底层，且不会与轿厢发生摩擦。当底坑空间小时，还应在爬梯上增加电气验证开关切断安全回路。故障现象、主要原因及排除方法见表 5-3-3。具体检测步骤、注意事项及要求见表 5-3-4。

表 5-3-3　故障现象、主要原因及排除方法

<table>
<tr><th>故障现象</th><th>主要原因</th><th>排除方法</th></tr>
<tr><td rowspan="2">轿厢运行至底层时与爬梯产生碰撞</td><td>（1）爬梯安装位置不对</td><td rowspan="2">检查爬梯安装位置，使用扳手紧固爬梯固定螺钉</td></tr>
<tr><td>（2）爬梯未固定好，发生移动</td></tr>
</table>

表 5-3-4　具体检测步骤、注意事项及要求

<table>
<tr><th>底坑爬梯检测</th><th>注意事项及要求</th></tr>
<tr><td>

图 5-15　紧固爬梯固定螺钉</td><td>佩戴安全帽，在底层端站设置安全警示牌，将底坑上位急停和底坑急停都拍下</td></tr>
</table>

参考文献

姜武. 电梯安装与使用维修实用手册[M]. 北京：机械工业出版社，2017.

李乃夫. 电梯维修与保养[M]. 2 版. 北京：机械工业出版社，2019.

李向东，刘向勇. 电梯控制设备安装与维护[M]. 北京：机械工业出版社，2016.